U0069663

聶氏重編家政學

穿越時空談教養

聶崇彬 著

崇德老人九十大壽。

崇德老人九十壽辰時與十一房（作者一家）合影。後排左起：聶光墅（大伯）、聶光禹（父親）、聶其焌（祖父）、顏寶航（祖母）、聶光菴（三叔）。前排左：聶光珏（姑姑），右：聶光陸（六叔）。

聶母曾太夫人八旬正壽

一九三一年四月攝于上海遼陽路老宅

崇德老人八十大壽在遼陽路聶家花園的全家福合影。

《聶氏重編家政學》，光緒三十年浙江官書局重刊版。

作者曾祖父聶中丞公。

作者（左起第一位）的奶奶和他們十一房被譽為五朵金花的孫女們的合影。

市東中學一百年歷史的走廊。攝影：席子。

歷史的穿越。即便是上海已經有了浦東這樣影響全世界的地標，市東中學百年校舍和聶家花園（九十多年歷史紅色磚房）仍然是上海歷史文化的一個標記。攝影：席子。

前言

和曾祖母合寫的書

作為聶家人，崇彬熟悉曾祖母崇德老人的故事卻要早過曾祖父很早很早，因為是她的奶奶老是在孫女輩前提起這位和自己相處了二十年的婆婆，給她做人的典範和榜樣。

崇彬的奶奶過世也很久了，但她慈祥的音容笑貌，至今令自己未能忘懷。從來沒見過奶奶發脾氣，忍讓是她展露的最好品格了，所以崇彬一直希望，瞭解一下能影響奶奶的人，也是聶家的精神領袖，親眼去看看崇德老人曾經生長的地方，瞭解一下聶家的規矩家訓文化和曾家之間，有多大的關係呢？

曾祖母曾紀芬是清朝重臣曾國藩文正公最小的女兒，按照湖南話，大家都叫她「滿小姐」。晚年號崇德老人。十八歲時由文正公親自選定，定親我們家，湖南衡山聶家，是個三代進士、兩代翰林的書香門第，被認為樂善好施，門風極好。她的婚事，由於文正公的染病、去世，一直拖到光緒元年九月二十四日才進行。那年曾祖母紀芬已經二十四歲，帶去的嫁妝中就有文正公發給她的家訓「功課單」。

二〇一五年五月，崇彬開始走上整理和研究家族的文化歷史的軌道，第一個念頭，就是去尋根，為此她從美國來到了曾文公的湖南故居富厚堂。

富厚堂完全滿足了她內心的渴求；在尋根的路上並發現了崇德老人在近代史上還曾有過一本舉足輕重的出版：《聶氏重編家政學》。遺失了很久的崇德老人一本家傳的治家規矩，經過了風雲變幻，終於被崇彬海內外遍及搜索下找到了。越讀越驚訝與讚嘆。

清朝咸豐二年間出生的崇德老人，在光緒三十年長夏於浙江官書局出版的那本《重編家政學》竟然有太多太多當時的新觀念，和二十一世紀的現代女性文化遙遙呼應，讓崇彬看到世紀之前的前衛女性思想。

於是自己動了一個念頭，是否能夠「穿越時空」與曾祖母合著一本新書？以自己多年寫專欄時幽默風趣的西方都會女性觀念和筆調，重新與崇德老人在書中隔空交流，甚至將曾祖母當年所提到的規範，與自己在西方國家生活近二十年的所見所聞作比對，尋找到曾祖母前兩世紀所「先知」撰寫的新女性與新世代預言，早已不謀而合地出現在我們每天的生活之中。

本書抓住女性最感興趣的育兒、烹飪、衣著和人際主題，來帶入頗沉重的教育、養老、健康、財政等主題。在看過一百多年來聶家的實踐後，只要有規有矩有章可循，執行有覺，一個趨精緻、有教養、頗愉悅的人生絕對屬於您。

目次

第一章

無近憂必有遠慮

崇德老人語錄：

教兒如讀書習字算格物之類，皆智育之最要者智育者心思上之教育開其聰明知識也。雖然，尤莫要於德育德性上之教育純是教人行善去惡，有德育以堅固其心堅固者外物不能移也。

幼兒期的教育，是奠定孩子一生的根基，有兩方面是極其重要的，一是品格習慣養成，二是智力方面的開發，正所謂三歲定八十。

德國哲學家康德認為教育有以下的目的：一，學習遵守法律秩序。二，處理好人際關係。

三，養成勤勞的習慣。四，成為有品德的人。歷史學者胡忠信對康德的見解有補充評論，他說：學習遵守法律秩序是人類邁向文明的第一步，成為有品德的人是文明的目的。因為人類有著天然的使命，就是建立更美好的生活方式。

真正的教育未必是以今日人人看重的，灌輸知識、別輸在起跑線上，而是品格培養。如果把人生進程比喻一條寬闊的大河，那品格的養育就如同在大河兩邊都砌上牢不可破的堤壩，護佑著人生軌跡有序地前進，絕不會因突發的事件而泛濫成災。

> 以發攄其智慮恢張其能力擴充其好任俠之精神，孕育其愛國家之運量，凡世運進化之風潮，有不可驟而行之者焉，譬如築隄禦水，茍其基礎未固則轉眼而崩潰也，必矣故教兒童於初離繈褓之時，亦猶築禦水之隄也。

所以崇德老人認為品格習慣培養甚為重要：

> 品格者立品之格局，即人身模樣也。何以幼小即講品格，凡人立身之善惡，全系乎幼時品格之良否。凡事習至慣熟，久之遂成自然，若功時之習慣，其為力最大入骨亦最深，有至終身不改者。

崇高的道德情操，是做人的楷模。為什麼從小就要培養高尚品德呢？因為一個人是否對社會有益，全在於孩提時代是否培養了優良品質。習慣成自然，自幼養成良好的習慣，對一個人來說，至關重要，因為優良習慣一旦養成，便會刻骨銘心，受益終身而不改變。

蔡元培先生在《中國人的修養》一書中也指出：決定孩子一生的不是學習成績，而是健全的人格修養。

目前社會對孩子的溺愛有目共睹，曾看見在餐廳追著孩子餵飯，或是任由孩子喧嘩，當然還有隨地大小便，這些都是大人的問題，尤其是後者，孩子的忍受力有多少，家長最清楚，如果出門的旅程超出了預期的忍受力，那就給孩子戴上尿片，絕對無後顧之憂，也不需要花很多錢，然後第一時間在環境允許的地方換乾淨了，可以節約的用家裡的舊床單做成尿布，外包一塊塑料片，保證萬無一失。我兒子小時候，很喜歡為他打扮，那時候我媽媽從香港寄來很多朋友孩子穿下的舊衣服，有當時很稀奇的小牛仔套裝，但穿上就不能帶尿片了，那只有自己記著，到哪裡都要提醒他上廁所尿尿，提醒他不要憋著。

美國的 Free Spirit 出版社出了一套書在美國家喻戶曉，很多學校用來做孩子們學習社交的教材，這套書回答了一個問題：長大後要在這個世界遊刃有餘，一個小孩需要懂得哪些文明社會的基本行為規則？具體來說就是以下三條：一，什麼是好的行為？二，怎麼和自己相處？三，怎麼和他人相處？

德國有一本有關兒童教育的書，十分流行，叫《披頭散髮的彼得》（*Struwwelpeter*）：以很多詼諧的故事，來告訴孩子們什麼是對的，什麼是錯的。他們最注重孩子的性格、品德培養，很多好習慣也是因為從小家庭教育的結果。

舉動之沈潛

崇德老人語錄：

兒童舉動之良否，表一家教訓之善惡，故舉動之模範，最重者沈潛，最忌者輕躁，幼時一舉一動，即須養成謙讓溫和之風，若輕躁而不厚重，見人不知謙讓，性格不能溫和，則他人不咎，兒童之不良，只咎主婦之失教，動謂他家沒有家規。

兒童行為的優良與否，反映出家庭教育的成敗，因此，培養兒童良好的行為習慣，重在培養他們誠實、厚重、謙讓、溫和的精神，最忌養成輕浮、狂躁的陋習。如果見人不知謙讓、溫和，一味的輕浮狂躁，那麼，別人不會怪罪兒童本人，而是開口就說，母親沒有給他良好的家庭教育，甚至還因此看不起其整個家族。

爸爸曾經說過他小時候的一件事：那年冬天，十歲的他跟著大人去七奶奶家做客，身上穿的是家庭裁縫新做的皮襖，羊毛內裡，很暖和。哪知到了七奶奶家，他才知道是七奶奶的大壽，大人們打麻將，屋裡的爐子燒得紅紅的，但他不敢脫了皮襖，因為內衣太不登大雅之堂了，這不是普通的串門呀。他就這樣熬著，直到壽筵結束回家。

崇德老人主婦園丁之論：

夫欲培養花草，必先擇佳土，選佳種，且厚加以肥土之料，而後可望萌芽之美。芽既萌矣，防風避雨，早夜看護，都有定法。迨枝葉漸長，苟有曲者必矯正之，有劣者必增美之，又時而暖之以日，時而潤之以水，不知費幾多心力，勞幾多辛苦，以保護其根基，始能發秀而結果。教育兒童亦正如是，當夫繈褓方離，應施之教育，前編盡之。及年齡漸長，使之入學修業，此時坐立言笑，一切遷善避邪之事，無一不須母氏約束之，督飭之。凡人見子女言行端正者，則必曰：他母必賢也，他家庭必嚴也「他母必賢也，他家庭必嚴也」不然他何以端正若此？又見其學業之優，則又曰：「他師必良也，他母必賢也」不然他何以精明若此。

崇德老人以上這段話至今未過時。

有一篇很流行的文章〈沒有人會告訴你，你的孩子沒禮貌〉，文中說到：前幾天參加了一個婚宴，婚宴的桌上有一個孩子，那孩子很沒有禮貌，把轉盤轉得忽悠忽悠的。一席下來，家長沒有阻止自己的孩子，大家因為不熟悉也沒有阻止。但是在家長帶孩子去上廁所的時候，所有人都說：「這孩子真沒禮貌！」

文中還說：在中國，沒有誰會告訴你，你家孩子沒有禮貌，但是很多在場的人都會在心裡討厭你的孩子。——我們把這種「不說」當成了一種禮貌，禮儀之邦的俗語是「老婆是別人的好，孩子是自己的好」，所以，自己的孩子自己教。

怎麼教？從小制定一些規矩，讓孩子遵守直到習慣成自然。這樣才能保證大起來不危害家國。最近在網上瘋傳一位北京大媽痛說旅行中遇到家長助長孩子不守規矩的行為的影片，在旅行團集體吃飯的時候，孩子拿了人家飲料，那是按人頭分配的。影片中大媽頗激動，理直氣壯的說：「今天你可以隨意拿別人的飲料，明天長大了，你也可以拿別人其他的東西，說得不好聽她是在鼓勵偷竊，如果孩子明天成了公務員，也隨便拿拿國家的東西，那就是貪汙犯罪。」所以，孩子就要從小教。

最近在臺北和好朋友一家出去吃火鍋，年輕媽媽對幼小兒子的教育令我衷心地讚賞。小孩子調皮，坐不住，媽媽沒有簡單地責備，而是用「請」對他提出要求，直呼名字：請你坐回去。盡顯了對孩子的尊重。當孩子不小心把餐廳的裝飾物弄掉了，媽媽讓兒子自己拿著掉下的飾物去找餐廳老闆道歉，讓孩子學會承擔責任，而且也看到了，真誠認錯和道歉會得到原諒的。當孩子並沒有做到之前的坐好的承諾，媽媽就執行了之前談好的條件，讓他換位子，不能再坐在他喜歡的婆婆身邊，讓他懂得，不遵守承諾就必須承擔後果。而這時候，坐在旁邊的婆婆和爺爺一點也不介入媽媽的管教，任由孩子被罰。

我在旁邊由頭看到尾，由衷地在心裡讚嘆了一句：好家教啊！

慈母育兒之功大於丈夫之濟世

崇德老人語錄：

婦人之於家，猶宰輔之於國，統百官，綜庶政，必有一定之法律制度，以培植人才，發舒民氣，內修實政，外揚國威，始能圖邦國之富強者也。若宰輔不能端本於上，法律不修，制度不飭，官吏弄其威福，士民弛其紀綱，國柄既搖，而望其富強也，其可冀哉？主婦何獨不然，內圖兒女之盛昌，外冀門庭之光大，善則一家安，不善則一家戚。故曰：國亂思良相，家貧思賢妻。妻賢而弱可強、危可安，貧可富，則夫主婦之責任，不與家政相終始哉。初基者開首一節也，主婦治家以教育兒女為第一著，而教育開首一節，尤極緊要。蓋育兒之法，如園丁之於花草，培植得宜，則花葉暢茂，不得其宜，雖奇花瑞草，亦歸荒敗，其橫枝亂葉之長，有損天然之佳麗者，蓋由不能栽培於其初也。教育兒童，就是此理，故兒童長而瘦弱頑蠢者，多由胎育不謹，與幼時失教，令他貽恨一生，豈不可惜！是以欲得賢子，必先其母教育其精神。世間做大事成大功的豪傑，誰不由慈母精心保育而來。諺曰：「慈母育兒之功，大於丈夫之濟世。慈母育兒之功，大於丈夫之濟世」此語誠然乎哉。為母者切勿怠於幼時之保育，陷兒女於老大悲傷。

家喻戶曉孟母三遷的故事，也是印證了崇德老人編著的《聶氏重編家政學》中的一句經典之說：「慈母育兒之功，大於丈夫之濟世」。如果家長父母覺得孩子無需精心保育，對眼前孩子的一些惡習錯誤不加以糾正，不是危言聳聽，那麼將來孩子的不良行為可能不光是對家庭不利，對國家也會帶來意想不到的惡果。《聶氏重編家政學》其中的一些給孩子制定品行規矩完全適用於現代。

言行舉止上的十一不可為：

一、不可為苦人之事（寧肯自苦，切莫苦人。）

二、不可為害人之事（只防人害我，我切莫害人。）

三、不可嫌忌他人（人比我好些，不要忌他，就比我差些，更不要嫌他。）

四、不可指摘他人容貌醜惡及身家忌諱（人品不齊，或行檢有玷，或相貌不全，或今雖尊顯，而出身本微，或先世昌隆而後裔流落，言語之間，須留心檢點，切勿犯人忌諱，揚人醜惡，令其愧恨無地自容，不獨自失厚道，亦且結怨於人也。）

五、不可指摘他人罪跡過失（人有罪過，必十分驚惶，畏人指摘，若指摘之，就是終身之恨。）

六、不可粗心做事（凡作一事，即須一心注意於此，方能完全不誤，若粗心浮躁，斷難成功矣慎之慎之！）

七、不可負人之託（凡受人託付，既已應允，必代做到，若不能代，即先莫妄應允。）
八、不可信口出言（凡說話須極和緩，須細思想，不祥之話少說，恐人厭聽，遇有應說之處只宜輕輕說過。）
九、不可妄述人言（道聽塗說德之棄也，凡一事而關人終身，一言而傷人陰騭，即實見實聞，不可輕口傳述，切記！切記！）
十、不可看淫詞小說（及談閨閫遇有淫詞小說，不特不看並宜焚之，若聽得人家閨閫事，急宜閉口勿宣。）
十一、不可說話做作（對人說話兩手整齊，手指莫亂做作，斯為得體。）

要吃得起苦，絕不能讓別人吃苦，害人之心不可有，不可嫉妒他人，不可評論他人容貌和衣著，不可指責他人過錯，不可粗心，不可辜負別人所托，不可信口開河，不可道聽途說別人長短。最後一條，說話是不可用手對人指指點點。

接客待物上的七要數：

一、客來接以敬愛之意，先敘寒暄，和氣正容，親切有味。
二、對客要多談論，使客歡喜，又須從容莊論，對客無言，使客厭倦，是慢客之漸也。
三、對客言，須處處端敬，句句切實凡問答之間，知之為知之，不知為不知，不可冒昧。
四、客前，忌頭髮蓬鬆，衣冠拖遝。
五、客前，忌口中磨牙，及銜食物。

六、客前，忌翦爪歌唱。
七、坐必兩膝整齊，不可將腳架在膝上，尤忌拖鞋步於人前。

來客人時，衣冠要整潔，頭髮要整齊。坐要有坐相。主動和賓客寒暄，親切稱呼，冷場就不禮貌了。對客人的問話，必須老實作答，不知道答案也必須老實告訴對方。

對孩子執行條例的主動好壞，必須要寬嚴賞罰分明。督促孩子每天是否做到？一個星期總結一次，做到的，給以適當獎勵。

飯桌禮儀很重要的一環，崇德老人在食膳之禁忌中制定的規矩有九條，她告誡，規矩一定要在家養成，否則有朝一日，在公開場合，由於子女壞習慣外露，令他人美食樂趣頓消，那就是為人父母的恥辱了。

一、當食，要候他人坐齊，不可先行自食。（要等大家坐齊才可以起筷，切忌自己先吃。）
二、兩人同坐，膝宜整靠，不可將身擺開，占同坐者地位，即曲禮：『並坐不橫肱。』之意。（兩人同坐，擺正自己的膝蓋，不可逾越占了旁人的空間）
三、伸手人前取物，最為失儀，須起身近取為是。（把手伸到別人面前夾菜是很失禮的，或站起身，或就近夾菜才妥當。）
四、席上不可多話，長者未問，不要發言，惟傍聽長者之談，即曲禮：『長春不及母。』

饞言也。（在飯桌上，小孩子不能多話，大人不問不要亂發言，傾聽大人講話時最有禮貌的表現。）

五、食時，忌拋棄飯米，及遺失棹上菜汁，或食物過多如餓者然，最為可厭。（不可以把飯粒湯汁棄置地上，更不可以如餓狼似拿太多食物，很為人討厭。）

六、食時要容貌整齊、身手潔清、不齊不潔、一座生嫌、雖有佳殽、亦趣味索然矣。（吃飯時手和身子也都要乾淨，否則會令美食興味索然。）

七、手指有汙忌以衣服拭之、亦不可拭於桌凳兩傍。（手指髒了要用紙巾抹去，萬萬不可以把手上的髒塗抹在桌凳旁。）

八、不可玩弄食器、及口中咀嚼作聲。（不能玩弄餐具，吃食時口中不准有聲音。）

九、不可以他人食器、供己之用。（不可以拿別人的餐具自用。）

記得我小時候，家裡的規矩很大，雖然家裡有大小沙發，但我們小孩子每人卻各有一張專有的方形小板凳，我記得我的那張是粉紅色的。奶奶說，坐沙發容易形體難看，而坐小板凳很容易挺直了腰背，坐慣了小板凳你的腰背也就習慣挺直了。我們家裡開飯，一定先要請爺爺奶奶下樓，而且一定要用家鄉湖南話。吃飯時不能講話，而且也不能隨便夾菜，小孩子前面有一個小的碟子，大人們會將菜放入那碟子，不管愛不愛吃，必須得吃完，吃飯時嘴巴也不能發出聲音，那是放縱自己的表現，會遭大人指責的。

等長大成人，這些已經養成了習慣。偶爾會放縱自己，但絕對分得出場合和時間，不會丟人飯桌上的規矩，尤為重要，應該養成之習慣，對以後工作社交都有幫助，別說很多大公司，就是我也會在面試新員工後，請他們吃飯，藉以查看他們的修養，是否配合公司的形象。

而上流社會名人的家規，很多時會帶有本身特殊的情況。例如美國總統奧巴馬對外宣布過的自己的家規，當然是針對了兩個寶貝女兒而言，有兩條其實就是因為總統的女兒身分特殊，不便去公眾場合，例如第六條和第九條；

一、不能有無理的抱怨、爭吵或者惹人討厭的取笑。

二、一定要鋪床，不能只是看上去整潔而已。

三、自己的事情自己做，比如自己沖麥片或倒牛奶，自己疊被子，自己設置鬧鐘，自己起床並穿衣服。

四、保持玩具房的乾淨。

五、幫父母分擔家務，每週一美元。

六、每逢生日或是聖誕節，沒有豪華的禮物和華麗的聚會。

七、每晚八點三十分準時熄燈。

八、安排充實的課餘生活：大女兒跳舞、排戲、彈鋼琴、打網球、玩橄欖球；小女兒練體操、彈鋼琴、打網球、跳蹋踏舞。

九、不准追星。

那美國普通人家的家規有嗎？有的話，又是怎樣的呢？

有一位叫蘭蘭媽的、《中國教育報》「國際教育版」首位特約撰稿人。是一個生活在美國的中國媽媽，美國史丹佛大學、中國傳媒大學雙料碩士。她公開過自己一個美國朋友的家規，並發表了自己的感想：

一、必須對見到的人先打招呼，受到別人任何恩惠和幫助必須口頭或者書面表示感謝，做了給別人添麻煩的事情一定要當場道歉。

（編按：此為蘭蘭媽的感想，下同）這一條是最基本的禮儀教育。在美國大街上，兩個素不相識的人也會親切的打個招呼。我記得自己剛到美國的時候，經常會有迎面走過來的人衝著我友善地「Hi」一聲，一開始很不習慣，不過慢慢的，我自己也養成了給陌生人打招呼的習慣。特別是在早上，一句來自陌生人的「早上好」，常常讓人一整天都如沐春風。我的很多到美國旅遊的朋友也常常跟我講，美國人特別的熱情，我想這個和美國家庭的禮儀教育密不可分吧。

二、公共場合（除了在公開遊樂場所外）說話音量控制在不讓第三個人聽到。

這一條是公共場合的行為規範。有教養的美國人說話總是輕言細語的，尤其在餐館裡，就算鄰座兒，也很難聽清別人的對話，高聲喧嘩更是一種粗魯的行為。美國孩子從小被要求在公共場合要尊重別人，不能高聲喧嘩，這也是從小需要養成的好習慣。

三、不願意告訴爸爸的事情，你可以只告訴媽媽；不願意告訴媽媽的事情，你可以只告訴爸爸。但是不能對兩者都不說。

美國家庭非常尊重孩子的隱私，父母也非常尊重他們的隱私。孩子並非所有事情都必須讓家長知道，孩子和父親或是母親之間也可以分別有祕密，而父母之間是不能「串供」的。

四、不許撒謊騙人，否則你會失去朋友家人最寶貴的信任，讓你後悔一生。

和華人家庭一樣，誠實是每個孩子都需要學會並且做到的事情。

五、如果實在不能避免打架，只能用白手空拳，也不許戳眼睛、耳朵，除此以外可以狠狠的打，而媽媽則希望你能打贏。

美國媽媽一般遵從「孩子的事情由孩子自己解決」的原則。孩子之間難免會發生矛盾衝突，孩子之間打架也在所難免，在不傷害彼此身體的前提下，媽媽鼓勵他們自己去解決問題。

六、掉在地上的硬幣可以揀起來拿回家積蓄起來，但是別人的錢包卻不能據為己有。

美國孩子也有從小培養「拾金不昧」的行為規範，這一點和華人教育有「異曲同工之妙」。

七、別人真誠款待你吃東西，如果你不喜歡的話可以說「我吃飽了」，但是絕對不能說「很難吃」。

這一項家規蘭蘭媽還是挺欣賞的，雖然說「童言無忌」，但是如果能夠照顧到別人的感受，這樣的孩子長大了人緣一定不錯。

八、任何食物和東西都是有生命的，絕對不能想吃就吃，想扔就扔。

美國教育裡也有從小要培養孩子「愛惜糧食」，「勤儉持家」的好習慣。

九、有必要時尊重集體和權威的意見，但是內心一定要保持自己的想法。這一點是美國教育和華人教育很大的不同。華人教育中強調「權威」的作用，老師說的話總是對的。但在美國教育裡，更強調「挑戰權威」，保持自己獨特的想法。我想這也是為什麼美國孩子更富有創造力的原因吧。

十，每個人都和他的名字、長相一樣都有不同，不必和別人比較。但是，當你感覺到有生命危險和有必要的時候，你可以無視對方，大聲地喊叫，還可以撒謊，咬人，戳人的眼睛，偷東西，打壞任何貴重的東西，你聽說過的任何規矩都不用遵守，因為你的生命比什麼都重要！！！

看到最後一點，蘭蘭媽莫名的有點感動。一切的規矩、行為規範都是在安全的前提下，但是世界上沒有任何東西比生命更為重要。在遇到生命威脅的時候，想盡一切辦法讓自己脫離危險，是必須教會每一個孩子的。

戒慎條例

近年來，學校的欺淩事件越來越多。去年有香港孩子在學校裡因不堪受辱，跳樓身亡。那時間正趕上我在香港搬家，搬家公司來的是貨櫃車，搬家也不是物件一件一件地搬，而是歸在一起，用很大的塑料膜捆綁起來。動作之迅速，然後貨櫃車啟動機一動，幾大件就上了車，房間馬上出清。就在去新家的路上，我坐在車頭，和司機及搬運工聊天，就說起了校園欺淩的事。司機告訴我，就發生在自己女兒身上的事。他女兒還在念小學，平時就不愛吃榴蓮，不知怎麼被同學知道了。有天放學，一位同學邀請她回家，然後還帶上其他的同學。到了同學家，同學把她帶到廚房的冰箱前，從冰箱裡拿出早就準備好的榴蓮，乘女兒不曾防備，狠狠地塞進她的嘴裡。同學們看著她痛苦不堪的樣子哈哈大笑。

這些都是十歲左右的孩子，應該天真無瑕才對？怎麼會以作弄欺淩他人為樂呢？

最近在美國洛杉磯發生的華裔學生欺淩同學被制裁事件，我們見到犯事者並沒有羞恥之心，有媒體認為這是這些人不懂法律，如果知道這樣做會觸犯法律，那事件就不會發生。我覺得這是本末倒置的說法。是的，法律可以可以約束人的行為，但如果只是怕觸犯法律才收斂，那麼有可能他會幹更隱秘的壞事，因為欺淩行為，實是出自想稱霸的內心。

我讀到聶氏重編家政學中針對家中成人的戒慎條例，不禁被崇德老人卓越地洞察力折服。

戒報復

教兒童以報復之事，雖不常有，然亦往往流露於無意之間者，如兒童跌地觸柱，輒罵地打柱以慰其心，此常有之事也，不知兒童復讎之念，遂胎於此，及長，苟有傷已罵己者，遇處即想完讎，必盡其報復而後快，此不可不為預防，以充其堅忍之性。

崇德老人說的這個場景我們大家都很熟悉，孩子摔倒了，或是撞到什麼物件上了，疼了哭了，大人為了安撫，常常就會說，「不要哭，這地太壞了，把寶寶摔了，等我去打」。知道這會造成什麼後果？會養成孩子報復心理！大起來，有什麼事發生都不會從自己身上找原因了。

另有場景，孩子不肯吃藥，大人騙他張嘴，硬把苦說成甜，或是騙說你再不吃就沒有這一類謊話，還自以為聰敏詭計得逞，但這會養成孩子大了成了無信之人。還有就是恐嚇，如果孩子不聽話就說老虎來吃你，或警察來抓你，把孩子往怯弱的世界推。

所以，戒欺；戒報復；戒恐嚇和戒傷生，是為娘的必須牢記，在眾多的條例中，對孩子的人品塑造是關鍵，「教導兒女要在不求小就而求大成，當從大處著想」！博愛務實，教育之先要。

說回「打地」案例，孩子得到的概念會是：凡令我不開心的事情和人，我都要打，可能還會發展成：它們是可以隨我喜歡而打的，這樣發展下去，可能會在將來發生一些更嚴重的問題。

美國喬治麥森大學（George Mason University）心理學教授丹涵（Denham）和她的同事，在二○○二年對一百二十七名三至四歲幼童作出研究，發現假如幼童在此年齡段期間缺乏分辨情緒的知識，他們往後幾年就會有較高機會出現攻擊別人行為，這種行為在男孩會更明顯。

曾留意到多數家長，不會用「打地」來安慰孩子的摔跤甚至摔傷等，通常會說，不怕，沒事一會就好。不過這種做法也不妥當。

最近我在一個商學院講教育的微型課程（Microlecture）上，推薦家長們看一本書《全腦養育法》（*The Whole-Brain Child*），美國最著名兒童積極心理學家丹尼爾・西格爾（Daniel J. Siegel）的力作，該書掀起了風靡美國的發展式教育理念，通過學會左右腦的整合，讓孩子的情感，才育和社交能力都會得到很大的發展，提升決策水平，更好地控制身體和情緒，更全面地認識自我，與他人建立更穩固的關係，並在學業上取得成功。

書裡也用了這個「打地」作為例子：當孩子哭著對你說：我摔倒了，膝蓋破了。媽媽有兩種方式回應，一是冷靜地回答：不要哭，沒事的。不用傷心，小心點兒就好了。媽媽這幾句話，其實是把孩子的經歷和情緒置之不理和否認了。家長不應忽視孩子各種情緒的存在，如果不好好處理，容易以後有陰影。

二是媽媽承認了孩子經歷，而且覆述了孩子的經歷，並引申：「當然會疼，媽媽看見你絆倒了，膝蓋也破了，然後怎麼了？」孩子答道：「後來媽媽來了。」媽媽：「媽媽抱著哄了你一會，你感覺好點嗎？」女兒：「嗯，好點了。」媽媽：「想讓我告訴你為什麼會這樣的嗎？」女兒：「好的！」媽媽如此幫孩子搞清楚不好經歷，會變成一個處理困境的自然方法，並在孩子成年後成為面對逆境的有力的工具而受益終生。

網路和遊戲

《波士頓全球報》專欄作家艾倫・古德曼（Ellen Goodman）曾說過這樣的話：「媒體已經成為孩子生活的主修，父母卻成了選修課。」

不過即便大範圍的潮流是這樣，我們也是可以從中選擇可以教育孩子的部分。

美國「家長輔導學院」的創始人和行政總裁、也是全國知名的教育家、作家和演講者葛洛莉雅（Gloria DeGaetano）是有兩個孩子的母親，一個二十五歲，一個二十七歲，二十多年來致力於家長輔導學院的工作。她的孩子還「運作」正常，而她輔導過的家長們不斷回報，她教的點子是真的行得通的。她推薦學習鯨魚母子唱歌的方法，唱歌是母子鯨魚之間的溝通方式，母親唱的是自己媽媽唱給她聽的歌，每次唱的時候，她又會改動一些地方，加上自己的特色，鯨魚的歌就這樣一代代地傳承下去了。

這就是說，每個家庭需要有自己的文化，並讓此種文化從小深植在孩子的心裡，指引他們在紛繁浩大的潮流訊息和現實世界裡保持自我。

葛洛莉雅對媒體的觀點十分鮮明：不可被潮流訊息的暴力剝奪自己的思辨能力！她介紹了個詞：Media Literacy。Literacy是「識文斷字、有文化」的意思，Media Literacy就是對潮流訊息的認識和利用能力。

其實Literacy這個字，可以用在其他方面。就拿遊戲來說吧，我兒子從小也迷戀電玩遊戲，我沒有禁止，因為看到了「想玩遊戲」這個念頭，確實給他帶來了學習上的動力，也成了他獲取某種知識的途徑。例如他現在在美國生活工作，但對日本原創文化很有興趣，無論是歌曲還是文字，甚至是電視娛樂節目；他對日文產生了興趣，很小的時候就提出上日文補習班。我當時反對，認為他動機不純，為了看懂遊戲上說明書而已，再說小學功課已經很繁重了；結果我被補習班老師說服了，不管動機如何，肯學習就好。也沒有學了多久，學會了初級班，因各種原因，就不再繼續讀日文。可是沒想到，就是這基礎，可以讓他一直堅持自學了下去。有次我為星島媒體集團策劃編輯《教育特刊》，他居然直接從日文的教育文章翻譯了精彩的文章提供給我們，以饗讀者。這是我才感到當時付出的那點點學費和時間絕對沒有白費。

說到遊戲，也有正道的知識傳播，記得當時有三個遊戲給兒子的教育很深的影響；一個是講家庭教育的，玩遊戲者有全權操縱一個虛擬孩子成長教育，他就依照自己的願望去培養那個虛擬孩子，結果精心培育之下，那個孩子居然「離家出走」了。令他懂得了「知己知彼」的重要性。

有個農場遊戲，他精心去開墾，那次還記得他還高興地告訴我，馬上就要大豐收了。誰知沒等到大豐收，卻迎來了大風暴，把他精心栽培農作物全毀了，那時候，他大概懂得了意外這兩個字的分量，有時候，意外是可以摧垮一切的。

還有個遊戲，是建設一個新城市。他做了獨裁者，也就是馬上開始建立自己的形象，什麼建築自己的銅像，搞個人崇拜；誰知，城市暴動了，但是，他連鎮壓的警察憲兵都沒有，後來他才懂，城市監獄的設置是非常有講究的。後來他改變方針，先開發旅遊，把城市經濟搞起來，記得他很辛苦建立環城鐵道遊覽車。這時，我很高興，這樣的話即便以後去海外留學，不會去參與什麼學生運動，因為他會懂得，每個領導者都有自己的難處，有什麼事，都應該坐下來協商或走法律的渠道才是正道。

孩子的教育，是因人而異，絕對不能去照抄什麼模式，惟有接受概念。當年虎媽教育風行的時候，我絕對是自愧不如，發文自省，刊登在臺灣聯合報系的美國《世界週刊》上，現在讀起來，也覺得有趣。

〈「我是雞媽！」：一個屢戰屢敗卻給了兒子快樂童年的教練〉

——原載中國《家庭》雜誌美國《世界週刊》「兒的電玩人生，媽如洗三溫暖」

美國耶魯大學的華裔教授蔡美兒《我在美國做媽媽：耶魯法學院教授的育兒經》的書，在美國引起轟動，討論隨著《時代》週刊的參與掀起了高峰，「虎媽」聞名全世界。

說實話，我欽佩虎媽，但充其量，我只算個「雞媽」。

我兒子，一個三歲開畫展，作品被澳州博物館收藏的小天才，一個天分高，曾連跳兩級的優質少年，如今卻變成了資深電玩玩家，變成拒絕大學畢業、八〇年代後的宅男，完全是因為我母雞的大翅膀所造就出來的。兒子拿得出手的職稱都沒有，但兒子對我說得最多的話是：「我有個快樂的童年。這話，是從內心說出來的……」衝著兒子這句話，我認為自己是合格的母親。

張開翅膀暖兒子

和每個媽媽一樣，從兒子出世，我為他今後的人生作出了一系列的努力。小時候，我為兒子設定興趣教育，在兒子玩的時候放配樂唐詩，讓他不知不覺「朗朗上口」，至今他的國語還能應付社交。每次講故事，我都留個小尾巴，讓他自己把故事結束，引導他有創新的意識。買東西的時候，我教他怎樣歸類。至於他喜歡的畫畫，當然是放在首位的。但我從不教他寫字和算術，因為我認為學習的方法最重要，別的都在其次，總算，兒子在香港從幼稚園到小學，都在精英班。

不過，隨著兒子年齡的增長，媽媽的話已經不可能成為孩子行為的唯一指導方針。我和孩子的衝突，是從讓他考試跆拳道黑帶開始。

兒子從小學一年級開始學跆拳道，一來鍛鍊身體，二來搭校車時萬一有大孩子欺負他，也可以用一招二式來保護自己。從白帶開始晉級，每次考級兒子都能順利過關。大概四年級的時候，兒子的個頭和我差不多高了，他提出不用再學跆拳來保護自己。我也同意他的說法，但那時黑帶考試即將來臨，我估計他是怕艱苦，因為黑帶考試有個臨空跳起踢斷木板的動作，很難。我耐心地勸他：「是否考出了黑帶再說，做人總要有目標。」他反擊道：「考出黑帶後就不再打拳，那考來做什麼？」我居然無言以對。

我輸的第二件事，是兒子的畫畫。這可是他從小喜歡的。上過電視，開過畫展，得過《看圖說話》雜誌那年的比賽冠軍，他趴在地上畫畫的全過程，被《人民美術出版社》當作教材發表。但他不願意作刻板的模仿練習，拒絕再畫，為此我換了老師和畫班都沒有用。在他後來的三年中，每年我都帶他去參加公開比賽即時評獎的「香港兒童國際繪畫比賽」，每一次他都用以往所作的畫參加得獎，最後次還得了亞軍，就在那次之後，他很嚴肅地告訴我：「這是欺騙，因為我已經多年沒有畫畫。」

希望兒子有個堅強的體魄和吃苦耐勞的精神，我送他去參加童子軍。第一次隨軍出海，三天後回來，雖然沒有什麼怨言，但聽他描述首長逼著這些才十歲的孩子在清晨跳入冰冷的維多利亞海灣做訓練後，我決定他應改投另一部門，只在內陸做操練。但他去了一次後，以枯燥乏味為理由，斷然拒絕，從此不再去了。

鋼琴也是兒子喜愛的。每個星期天，我們母子倆坐車去很遠的地方學琴，對彈多少遍練習曲是每天必然的爭鬥。為此，我告訴他，如果他能及早彈到「少女的祈禱」這一水平，馬上更換音色更好的名牌鋼琴。這一說法，真的給他帶來了動力，不過不是苦練練習曲，而是單練「少女的祈禱」。兒子很快把曲子練熟，但我以「走捷徑不可取」為由斷然拒絕換琴，至今被落下了未能保守承諾的罪名。

兒子覺得電玩更暖

我在兒子音樂體育藝術這些領域中落敗後，生怕在教育領域有什麼差錯，因為兒子在小學畢業的時候，公開表示不會升入一級的中學。香港的中學分五個級別，由一級（Band 1）到五級（Band 5）。一般來說，一級出來的學生者入名牌大學的幾率非常大，二級當然要差一些，要想進名牌非得努力才行。為此，我和兒子大吵了一次。這小子居然振振有詞：「這所一級學校，送我進去我都不要，這裡面的學生，除了死讀書還會什麼？跟這種人在一起，我會死的。既然差一口氣也能進二級中學，你還想怎麼樣？」氣得我話都說不出來。

兒子如願以償地進入了二級學校，交了好些志同道合的朋友，至今還保持著聯繫。那時我已經清楚地認識到，兒子不適合香港的教育體系，為了四年後我不用再為他的升讀大學擔心，在他的同意下，高中時我把他送去了紐西蘭。三個月後，兒子竟以他的數理成績連跳兩級，進入高中六年級。過了一年，兒子的數理成績還是最好的。我也搞不清楚到底是他很出色呢，還是那邊的程度不高。反正後來他很輕鬆地過了大學考試，紐西蘭大學考試成績是全世界認可的，以後當他轉入美國大學的時候，連託福的成績都不用看。

不要以為之後的學習路途就一切暢通無阻了，後來發生的事足以令我心痛。為了能使兒子有歸屬感，也為了節省金錢，我還移民美國，兒子也跟著我拿到了綠卡。但兒子卻未能一路讀到畢業，他認為原因一個是懶，二是對自己的生活要求不高，當然還有一個冠冕堂皇的理由，他要清楚地認識自己是什麼人。我最清楚，兒子未能讀到畢業，是他把多數的時間都貢獻給了電玩。我覺得他自己太不珍惜得來不易的機會，母子倆一度針鋒相對，家裡氣氛緊張。有天，我敲開了他的房門，一看是我，他就眉頭緊皺，沒好氣地問：「又是什麼事？」天啊，兒子，我已經有幾天看不見妳了，天天吃我煮的飯，就算是個傭人，也不應該是這個反應吧！我壓住火氣，假裝笑笑：「我問問，怎麼不見妳上學？」兒子不耐煩地說：「沒註冊怎麼上啊！」「為什麼不註冊，是忘了還是……」「沒時間！」兒子在做兼職，我是知道的，但也不至於忙到上學連註冊的時間都沒有。「如果覺得上班影響學習，我們可以再商量，還有一年就畢業了，說什麼都要把學業完成吧？」我的口氣很明顯帶有哀求和商量口吻。「妳煩不煩吶？我還有事，就這樣了！」兒子一點情面都不給，門，咣當一聲在我面前關上！談不攏，早是預料中的事，但沒料到會這樣的決絕，完全沒有商量的餘地。

開學了，我並沒看到兒子有一絲上學的跡象，早就想問問他，可是見不著他的人影，連吃飯都趁我不在的時候去廚房扒一碗拿上自己的房間。一種無奈的憤怒湧上心來，因為我聽到屋裡傳來的電玩遊戲的音樂，雖然聲音微弱，但足以把我的心臟擊碎。我腦子嗡嗡的叫，臉上覺得發燒，我握緊了拳頭，但能幹什麼，把兒子的門砸開，把那該死的電腦扔出窗外？我知道不是電腦的錯，那該死的電玩已經不是他小時那種單獨的小盒子，而是看不見摸不著的儲存在電腦硬盤某個角落，或是網路的某個空間時段，憑我的電腦常識，根本不是這種玩物的對手，在我看來，如同一個天外入侵者毀了我們正常的生活，毀了我給予厚望的兒子的人生。

但我不能這樣做，因為屋子裡面的兒子是個身高一米八、也充滿著憤怒的怪物；是天外入侵者把我兒子變成了怪物，我打不過他，我還不能詛咒他，因為這怪物是我身上掉下來的一塊肉。

我覺得我也要瘋了。我不是邪魔，雖然在這個時間，我猜樓上那個怪物正當我是邪魔，但是我不是！念書有這麼難嗎？我年輕的時候，唯一的願望就是做個大學生，我不是考不上國內的大學，而是因為腳有點殘缺，就那麼一點點，就被身體不健康的理由被拒之大學門外。我不懂，上學會那麼苦嗎？比比我後來終於有機會在香港讀大學的時候，還不能辭去酒店經理的工作，還要照顧已經上小學的兒子，還不是在一年半時間裡考過了十二門課，拿到了畢業文憑！

兒子在美國讀大學，開車上學，連走路都不用，作業用電腦，連削鉛筆都不用，還有我這個美食專家的媽媽，每天三菜一湯，加水果，加點心，家務事都不用大少爺沾手，就是車子有什麼問題，還有位汽車專家的繼父隨時解決！

那時，我已經和一位美國人建立了家庭，丈夫認為，兒子有兼職供自己生活，也有了女朋友，至於讀多少學歷才合適，就不能以父母希望為標準。他的話提醒了我，確實，周邊的朋友之中，有很多高學歷孩子，非但找不到工作，高不攀低不就的情況比比皆是，有的臺灣孩子在父母的逼迫下，勉為其難的拿到畢業文憑後馬上回到臺灣，足不出戶當上了啃老族。

媽媽，我的童年很快樂

究竟是什麼原因，令兒子對電玩那麼癡迷？在和兒子多次交談後，兒子給我寫了一封長長的信，寫明瞭他所有的想法。信中，兒子這樣說：

「我小時候很愛畫畫，我現在還記得我的第一張畫，裡面有房子，可能因為我每天都對著一個有很多電線桿的玻璃窗吃早餐的緣故，所以我畫了很多電線桿，然後有很多彩色的人，天空是用不同的紅色蠟筆塗成的黃昏。沒過多久，我父母決定讓我定期去畫廊學畫畫，此後，我拿畫畫持獎，也上過電視。作品很多，多到連我自己也以為長大之後也會一直畫畫。

「我當時真的萬萬沒有想到，接下去的劇情竟然是升等打寶和勤練槍法。有一種好像一本小說看了一段放在一邊，第二天拿錯了另一本很自然的接下去看的感覺，我會變成一個教授級的資深電玩玩家，我自己也是莫名其妙。回想一下，我記得好像三歲多的時候，我爸不知道從哪裡弄回來一臺遊戲機，當時連話也講不太清楚的我，就已經在那裡按鍵玩起來了。某種意義上也叫三歲定八十吧，我愛上電玩了。隨著我慢慢長大，小學時母親每次見面的第一句話雖然都是『不要打太久』，而不是『別打了』，我感激母親。不過可能因為當時學校成績還不錯，所以我擁有當時每一代最紅的遊戲機，走過了所謂最正統的電玩人生。」

其實，兒子的電玩人生，我是完全助了一臂之力，而且自覺是有高尚的目的的。首先我同意他打遊戲機，是覺得兒子不能脫離時尚，要知道從變形金剛到麥當勞，或是電子小雞，在朋友鄰里之間，兒子始終是處於領先地位，電玩，怎麼可以沒有我兒子的份，再者，打遊戲機可以練手指和腦袋瓜的靈活；還有，有的遊戲也確實具有實際的教育意義。看過很多催人淚下電影的都沒能記住，居然還記得當時兒子玩的幾個益智遊戲，一個是城市締造者，遊戲開始，兒子擁有了一大塊土地，他急不可耐先為自己樹立了銅像，開始了他的夢想之旅……

幾週下來，他沮喪地告訴我，由於自己的警察保衛力量不足，加上經濟沒有很好的計畫，狂加稅，所以城市發生了暴動，把他的銅像也推倒了。兒子最後結論，就是當權者不是那麼容易當的。我心裡暗喜，因為早就有送他去留學的想法，生怕他捲入無為的學生鬧事起鬨。如果他有這樣的看法，凡事就會三思而行。兒子在電玩上受到的第二次打擊，是他經營了一個農場，他種棉花，種稻穀，又種蔬果，決心自給自足。兒子付出了很大的耐心，天天期盼著收穫的那天，可是一場史無前例的災害，徹底摧毀了他的農場和家園，兒子第一次在虛擬的世界裡領略了人生的無常。

「我一直認為網際網路發明的那一年（一九八五年）之後那段時期，將來一定會好像一個石器時代或文藝復興時代那種有代表性的時期，一起記載在歷史書裡。網際網路的影響力我想就算以它來重新命名年份也不誇張，ＢＩ（Before Internet）、ＡＩ（After Internet）。想想如果現在全球網路突然消失的話會有多少公司倒閉，有多少人會一臉茫然的看著家裡牆壁看到飯也忘記吃。電玩已經深入人們的正常生活，劃時代的經典遊戲從只有很少人擁有，到現在幾乎每個小孩玩過。是讓我有一種見證著歷史的一刻的天真滿足感。我是在一九八三年出生的，也是任天堂遊戲機始祖紅白機正式發售的同一年，雖然我是在今天上網查一下才知道這個巧合，不過心底裡倒是有一種果然如此的想法。」

「遊戲機是陪伴著我的童年，我也是看著它的成長。從紅白機開始，到世嘉產品，超級任天堂，SS，PS二選一，N64、DC、PS2、Wii，最後到現在可怕的MMORPG（在線上遊戲中毒性最高的一種，天堂、魔獸、ＲＯ、暗黑破壞神。妳就算沒在妳子女的計算機螢幕上見過畫面也應該早就在社會版上久仰它們大名了），我都深深瞭解到每一臺的吸引之處。的確浪費了不少時間啊……不過要說得到了什麼，真的就只有數不完的回憶吧。媽媽，我想再次告訴妳，我有個開心童年。這句話，是從心底裡表達出來的的。」

這時候，我才恍然大悟。電玩革命經久不息，持續了幾十年，我們當家長的其實都有著不同層次上的貢獻，所以也只能介紹它給我們帶來的當今流行文化的獨特表達模式，「影響所及從現代戰爭到人際關係無一例外」。無論有多少缺憾，有兒子一句「我有個開心童年」，我滿足了。因為，我完全承認自己沒有當教練的「天分」，何來魔鬼式訓練下閃閃發光的名星讓自己榮耀呢？但兒子記憶中有一個美好的童年，已經足以證明我是一個好媽媽！

孩子的教育，有時候可以說是種「智鬥」，從來沒有在訓練中得到成功的我，居然也有用巧計達到了目的。兒子出去紐西蘭，因為語言學校的三個月短訓，我沒有給他帶電腦，而是給他帶了大量的中外名著，且都是簡體版，並且每天都寫信給他，同時寄去香港的時事剪報和自己的看法，在陌生的環境百般無聊的情況下，兒子當然認真地照單全收，多年後在美國，我居然真的中了兒子當年看了我的信後給的評語：「媽媽，妳可以當專欄作家的」。而在英語環境裡長大的兒子的中文居然可以在報刊上發表。那是我們報社的翻譯突然請假，沒有人做當天的新聞翻譯，我推薦了後心裡也做了準備，要幫他做中文修飾，但居然不用，他的文字在編輯稍作修正後即可見報。此文中他的自述，每個字都是出自於他，未做任何修改。作為一個華人，尤其是成長在海外的年輕人，能說些簡單的中文句子，父母們都會高興的喜笑顏開，別說文字出版了，我真的為他而自豪。

雖然沒有能力把兒子操練成什麼冠軍，他卻成了倒是一個把媽媽放在心上的兒子，搬新家，怕我對環境不習慣，即刻告知交通盲點情況，知道第二天我要出門，晚上把車倒在一個非常方便出行的位置上停放。每到超市，總要致電回家問問有什麼需要買的。我失業時，他會替我付房租，今年生日，我和兒子是同一天生日，他推著坐在輪椅上的我，一起參觀舊金山的現代博物館。

兒子在休學後當了兩年的信息技術人員後，去年又回到學校，進修心理學，他的目的並不是想做什麼專家，而是在看完了一屋子的書後，想更進一步確定自己今後的人生路。此刻，我完全對他投於信任票。

心理專家認為：「一個人的成功和幸福是有外因和內因及時空背景的。因此在我們為孩子的教育制定方向時，首先要因人而異，其次要對未來的社會發展有個大致的估計。我們的孩子最需要的是理智獨立的頭腦，處變不驚的性格，悲天憫人的情懷和終身相伴的求知欲。只有這樣的人，才能在任何風暴中有主宰自己命運的勇氣和能力。

《虎媽戰歌》以一個十七歲女孩子的經歷來做教育成功的典範，或許不是作者的目的，但確實是委實過早的定論。教育這件事不在於看孩子正在做什麼、得到了什麼，而是要看孩子會成為什麼樣的人。

智力開發靠訓練

孩子智力的開發，指的是對孩子創造力分辨力歸納力的培養，還有記憶力的綜合培育。這些不用去上很貴的補習班，日常生活就可以做到，例如和孩子上街，回家後可以問問他還記得看到了過些什麼；日常採購回來，讓孩子把買回來的東西歸類，飲料類，文具類，或是蔬菜類還是水果，例如番茄，究竟算蔬菜還是水果？

表達能力也很要緊，當年兒子三，四歲時，就讓他去考上海少年宮的小瑩星藝術團，讓他走上舞臺，學習語言藝術，順便訓練自信。

給孩子講故事，可以留個尾巴讓孩子自己發揮想像力把故事發展下去。這就牽涉到創意，孩子的創造力的培養，一定是越早越好。

有這樣的說法，一個人是否具有創造力，是一流人才和三流人才的分水嶺。我是同意這樣的說法，有創造力的人，思維能隨機應變，舉一反三，不易受功能固著等心理定勢的干擾，因此能產生超常的構想，提出新觀念。創造力會對人的一生產生很大影響。

我在美國當過多年的美食雜誌編輯和主編，跑過很多餐廳，中國餐廳最普遍的現象，就是菜式面面俱到，什麼八大系的菜式菜單上都有，而且價錢便宜。但餐廳往往倒閉很快，有人把這現象歸納為沒有創意只能抄襲，為了要保持競爭力，只能在價格上鬥便宜。有一段時間風行火鍋，首家生意因新奇，當然生意好，其他蜂擁而上，第一步就是去偷首家的內容，尤其是火鍋店的醬料，是各方想學到的第一步，搞得醬料為患，但有一家卻逆向發展，不用醬料，那就是專註湯料的小肥羊，至今在北美生意都很好，還開出了多家分店，而且各大超市均出售他家的湯料。

美國哈佛大學教育學教授加德納（Gardner）在一九八三年出版的著作《心靈的架構》（*Frames of mind: The theory of multiple intelligences*）首次提出「多元智能理論」，主張智慧主要是以多種方式在生活中運作的能力，初始，他把這些智慧分成七類，到了一九九九年，他進一步完善了，又加了兩項。現在把加德納教授的理論在這兒展示，供大家參考，針對孩子各種智能加以培養：

一，語言文字（講座、討論、文字、遊戲、講故事、集體朗誦、記日記、辯論和對話。）

二，邏輯數學（智力難題、解決問題、科學實驗、心算、數字遊戲、批判思維。）

三，自我反省（各位學習、獨立學習、選擇課業、獨處時間、私密地點。）

四，人際關係（小組作業、群體遊戲、社交聚會、社團活動、合作學習。）

五，音樂訓練（超記憶音樂、饒舌歌、唱遊時間、聽音樂會、彈奏樂器。）

六，視覺空間（藝術活動、創造遊戲、想像遊戲、圖畫書、參觀美術館、畫廊、思維繪畫。）

七，肢體動作（舞蹈戲劇、體育觸覺活動、演戲、放鬆練習、遊戲活動、動手勞作。）

八，自然博物（參觀博物館或科學館、觀賞流星雨、日月蝕等活動、地質或植物探索、潛水爬山和遠足活動。）

問題的看法或立場。）

九，存在意義（觀賞各類有關存在或哲學問題的電影、辯論有關題目、訪問他人有關上述問題的看法或立場。）

強優的心理質素

在孩子的成長過程中，培養一生受益的強優心理質素質至為關鍵。華人的習慣是什麼男兒有淚不輕彈、別人能做的我也能做，或是把學霸或是名人的個別例子當作樣板來學，這些可以說都是極其不負責任的做法。我們要給孩子，是一些方法，在漫長的人生中可以化險為夷或是創新自強。

再說個小故事吧：還是在美國，有次和兩位朋友一起去一個西人的社區中心打坐，我才參加了兩次，我朋友去了有一年多了。其實那是一個泰國什麼教的聚會地點，我們不是成員，只是借助這個清靜的地方做靜坐練習。欣賞了西人的慷慨容納之心。他們並不在意你是否是他們其中的一員，也不會有一丁點的要求，要你成為他們的一員。有關他們宗教的書籍和光碟片都放在一邊，你可以去隨意索取，拿不拿，看不看，沒有人在意。我去了一次後，就喜歡上那邊的寧靜舒適。

那天恰巧看到他們為孩子舉行什麼講座，我去得晚了，沒有聽到開頭，但站在旁邊依然感到感動。一位上了年紀的女士剛好問道孩子，現在你們誰的心裡有「Struggle（鬥爭、掙紮）」？有個孩子舉起了手，女士問他和大家，那你怎麼辦？孩子們回答：「calm down（冷靜下來）」。

原來他們是在溫習他們的一首歌曲「Loving kindness and compassion, joy joy joy equanimity equanimity」全部歌詞就在這裡，曲調溫和婉轉。接著講到「compassion（同情）」，問孩子們什麼是同情，有個孩子說是幫助人，女士問他有沒有幫過人，他老實說沒有，但有幫過動物，女士問他結果怎樣，他說動物逃走了。大家為這可愛的回答笑了起來。女士又要有幫助過動物的小朋友出來講解。在講解「喜悅」的時候，特別強調喜悅不是興奮，不需要張揚，只是內心的一種愉悅的感受。最後講到「平等」這詞裡包含著鎮定，沈著和達觀的含義，也就是凡事不慌，泰然處之，這樣心理才可能平衡。

想到我們華人，從小教孩子努力向上，堅強生活，勇於奮鬥，很少會在教他們調劑心理上花時間，很多孩子成功了，但他們內心沒有喜悅，有事發生，不懂得面對，更有甚者，為了自己的成功傷害了他人，因為父母沒有教他們什麼是「慈愛」，以為「人不為己天誅地滅」是生存的自然法則，「你死我活」是職場商海的成功教條。曾經在大陸看到有這麼一條標語：「走別人的路，讓別人無路可走！」

那天很開心，我看著孩子柔和的臉，輕輕地學唱著他們的歌「Loving kindness and compassion, joy joy joy equanimity equanimity」，他們圍成圓圈，分享著生活的細節，探討著生活態度，很簡單，就是仁愛同情喜悅泰然處之。

批判性思維的培養

批判性思維，英文叫Critical Thinking，這在什麼都講究標準化答案的華人式教育裡面，是找不到的。而我們處於時代是個紛繁的資訊時代，我們每時每刻都面臨著被各種網上觀點洗腦。常在電視和其他媒體看到報導的那樣，因為無知而傾家蕩產的慘痛事件，無妄之災的無情出現，卻是在那些無法判斷而輕易聽信下發生的。

我不由的想起了英姑，她是我多年前在香港住院時的病友。剛認識她的時候還以為她是一個兒孫滿堂的老人，因為來看望她的年輕人絡繹不絕。其實她是個寡婦，在她二十多歲的時候，一天早上，等她在菜市場買了菜回家，兩個兒子和丈夫已經被日本人的炮彈奪去了生命！當看到前二十分鐘還生龍活虎地在吃自己親手做的早餐的親人們，已經被炸血肉橫飛，屍首不全的時候，她立即暈倒了，直到收屍的人見她還有呼吸把她從屍首堆裡救了出來。她打了一輩子家庭幫傭，沒有再成家，因為怕再失去，但她卻把滿腔的母愛傾注到她所帶大的孩子和左鄰幼舍的孩子們身上。

和她聊天，曾問她，是否恨日本人，她說，光有恨有什麼用，雖然自己不識字，卻知道這個世界上太多的人想爭做第一，所以才會有戰爭，如果當時自己的國家是富強的，那麼「日本鬼子」怎敢在中國國土上撒野？所以不忘歷史的教訓，先要熱愛，保護和富強自己的國家，為了這一點，每個人都要盡自己作公民的本分，從日常生活的點滴開始，而英姑覺得自己可以做的，是言傳身教，教育年輕人熱愛生活，為建設自己的國家不遺餘力。何等明智的心態，坦蕩的胸懷，因為她懂得民族尊嚴建立在國富民強的基礎上的。

尼采說：「沒有思考，再多的體驗也毫無價值。」體驗的確重要，人會在體驗中成長。然而，並不是說你體驗得多，就能比別人高出一籌。體驗過後，若是不能仔細思考，體驗便會毫無益處。無論你經歷過了什麼，若是不仔細思考，便無異於囫圇吞棗。這樣你無法從體驗中學到任何東西，也無法掌握任何東西。

有時候，人的常識和智慧並不是和學識名聲成正比的，可見批判性思維多重要。你想，如果英姑沒有自己的思考和判斷力，成日哭天抹地的咳聲嘆氣，搞得自己和祥林嫂似的，（魯迅短篇小說《祝福》中虛構的人物，一位生活悲慘的農村婦女，整天四處找人述說，後來也瘋掉了的故事）誰還敢走近她，更別說招年輕人喜歡了。

批判性思維可以培養的，在國外的幼兒園和小學，老師引導孩子們培養所謂Critical Thinking能力是從教孩子學會提問題開始的。跟孩子說，當別人告訴你什麼事兒的時候，要問問自己：

Who — 這是誰在說？熟人？名人？想想看，誰在說這句話，重要不重要？

What — 他們在說什麼？這是一個事實（fact）還是一種想法（opinion）？他們說話有足夠的根據麼？他們是不是有所保留，有的話出於某種原因沒說出來？

Where — 他們在哪裡說的這些話？在公共場合，還是私下裡？其他人有機會發表不同意見麼？

When —他們什麼時候說的？是在事情發生前、發生中，還是發生後？

Why —為什麼他們會這麼說？他們對自己的觀點解釋得充分麼？他們是不是有意在美化或醜化一些人？

How —他們是怎麼說的？他們說的時候看上去開心麼？難過麼？生氣麼？真心麼？僅僅是口頭表達的，還是寫成了文字？

在我們小時候，弄堂裡發生什麼事，父親總是把事情發生分析給我們聽，為何會這樣，人們的反應又代表了什麼。哪怕是借書給我們看後，也會問我們對書的讀後感。確保我們對每一件事和物都有自己的答案，而這答案是自己經過思索得來的。

如何一個訓練法？可以參照以下：

What's happening? 發生了什麼事？

Why is it important? 為何這是很要緊的？

What don't I see? 我是否錯過了一些訊息？

How do I know? 我如何才能瞭解事實

Who is saying it? 說話的那人是誰？

What else, what if? 除了這種說法（觀點），還有其他看法和可能麼？

把這些基本的思考模式做成引導句寫下來，讓孩子隨時可以看到、想到，並鼓勵孩子學會表達自己觀點，並用事實和邏輯去支撐。

我同意，因為……
我不同意，因為……
我覺得，因為……
我推斷，因為……
我預測，因為……
我質疑，因為……
我認為，因為……
我的理論是，……

在生活中隨手可以舉出可以用以批判性思維的事件，例如讓孩子去買飲料，是去樓下的小店呢，還是去街口的大超市？我們要考慮的是多種方面的因素：路上時間、品牌、口味，價格，還有自己的個人偏好等……

相信有過批判思維訓練的孩子，在今後的人生道路上，能夠獨立地分辨各類事件，不只看表面，不輕信盲從也不輕易否決和自己不同的觀點，獨立思考，理性客觀。

兒子去紐西蘭留學的時候，剛初中畢業。其實兒子是可以直升香港原校英文高中的。但當時我自己受不了腿上的長期的關節痛，急需想入院治療，另外一個最主要原因，是發現兒子對婚姻家庭的看法出了偏頗，這也難怪，他並沒有成長在一個和樂健康的家庭，我急需他去感受正常家庭的氣氛中。把兒子送去和他一起生活了兩個星期後，離開他到了機場回香港之前的第一時間，就在郵筒裡丟了一封信給兒子，以後三個月時間裡，每天一封信，從未間斷過。兒子個性內向，有什麼事都不會主動向人說，希望讓他知道家人永遠在他身邊；第二也怕他悶，因沒有讓他帶電腦，而是帶了一大堆世界名著，從那時開始，兒子學會看簡體字了。第三，沒有人在身邊解釋，怕他會被社會上的一些事誤導，所以還剪報，並附上自己的看法評論，一起寄給他。三個月後，兒子回來度假。臨回來前通電話，他說：「你的信我都有看，連有次你的信和我喜歡的雜誌一起寄來，你信上說，我肯定會先看雜誌，你錯了，我是先看你的信的，信我都保存著，還有，你是可以做專欄作家的。」

雖然我那時做得還不是系統的批判性思維訓練，但起碼讓兒子知道我是如何分析判斷接收到的公開訊息的。沒想到，承兒子吉言，幾年後，我作為優秀管理人才移民了美國，後來居然真的做了專欄作家。而這本書內所有的故事，百分之七十都發表過在美國《星島日報》副刊專欄，和其他國內與臺灣報刊上的，是十多年來對社會現象的有感而發的積累。

名人都有自己的一套批判性思維，看看這位全球第六富翁、目前資產達到四八〇億美元、還不到三十二歲最年輕富豪馬克・祖克柏的育兒經，他在Facebook上發了一組漫畫，列舉了「壞父母的十一種表現」，一起來看看：

如果你的孩子總是故意打擾你，其實是因為你和他缺乏具體接觸，缺乏親密感。

如果你的孩子撒謊，其實這說明你曾經對他犯過的錯誤反應過度。

如果你的孩子缺乏自信心，其實是因為你給他們的建議多過了鼓勵。

如果你的孩子不能堅持自我，其實是因為他們小時候你總是在公共場合教育批評他們。

如果你的孩子很懦弱，那其實是因為你說明的速度太快了。不要幫你的孩子清掃困難，減除他們成長道路上的障礙。

如果你的孩子嫉妒心很重，那可能是因為你總是拿別的孩子和他們比較。

如果你的孩子很容易生氣，那其實是因為你給他們的讚揚不夠，他們只有行為不當的時候才能得到你的注意。

如果你的孩子不會尊重別人的感受，那是因為你總是命令他們，不尊重他們的感受。

如果你的孩子的行為總是神神祕秘的，什麼都不告訴你，那是因為你總是愛否定他們。

如果你的孩子總是行為粗魯沒有禮貌，那其實是從家長或者身邊的人那裡學來的。

第二章

調教他人的口味

最近和一位年輕媽媽聊天，說起她家保姆居然以自己女兒不會下廚房為榮，甚至打電話要挾女兒的男朋友說：「我女兒不下廚房，你要燒給她吃。」這位媽媽可能一心想自己的女兒享福，先不說這想法並不光彩，而且人生會少了很多成功感。

烹調是一門絕活

崇德老人語錄：

總要有一門手藝，認真從幼年做起，方能成人，若手中不能成一件事便是廢物，他日衣食缺乏流蕩無恥貽誰之羞？

無論琴、棋、書、畫、女工、針線，總要學一至兩門技藝，必須自幼做起，方有出息，不學好一至兩門技藝，沒有謀生手段，日後必定缺吃少穿，甚至做出流蕩無恥的醜事，從此墮落下去。

崇德老人在《聶氏重編家政學》中諄諄教誨我們父親要求我們起碼學會做個飯燒個青菜，不過在廚房大廚潛移默化下，我對烹調有了極大興趣，在後來的美食雜誌工作中，是懷有濃厚的興趣去做的，尤其深入名廚的廚房，那些名菜的製作並不能難住我，其實烹調不外乎醬料火候，當然食材的新鮮是首位。

想當年，我婆婆住院，臨過年出院，我燒出了一桌年夜飯，八冷盤，四熱炒和點心全家福砂鍋湯，從此在婆家地位因此而站穩。

二十多年前的香港，和大陸的來往還不密切，餐廳裡的上海經典小菜叫「上海粗炒」的炒麵，上海哪有如此粗糙的麵食。那時我在香港理工上學，我們都是兼職學習的成年班。有位同學出差上海回來和我說了件笑話，港人不懂上海人喜歡冷菜熱菜分先後的，她去出差，也受到款待，但因為不懂上海習俗，冷盤上來時，她以為是全部，一個猛吃，還心想，上海人怎麼沒熱菜，香港人最考究炒菜有「鑊氣」，就是熱辣辣的熱菜，結果熱菜之後出來了，可惜那時她已經被冷盆菜塞飽了。那年我們要考核數，大家都覺得太難了，這時我提出，誰考到最高分A，就有資格來我家吃一餐正宗上海菜。幸虧是小範圍宣布，只來了五位同學，否則圓桌面都不一定坐得下。

我把烹飪傳給了兒子，男孩子初時是有點抗拒的。那年他十歲左右，我們住在香港，兒子想去參加一個興趣班，如何裝卸電腦的，學費不便宜，我看準了機會，提出這學費必須他自己賺錢自己負責。於是，在家裡幫廚可以給他一半的學費，還有一半幫外公打字文稿。他同意了，就此學會了基本烹調，後來去了國外留學，如果想吃家鄉的菜肴，自己就可以燒兩味解饞。還有個好處，通過烹調，能增進大人孩子之間的瞭解。兒子最喜歡吃的是青椒土豆絲，教給了他技巧，要炒出脆絲，必須不停地加水。那天等了半個多小時還沒見菜出來，入廚房一看，哇，土豆皮劈的漫天鋪地的，還在努力切絲，見我進去，有點不服氣的要看我的操作，但見到我手提刀下，圓圓的土豆即刻變薄片細絲，還不到兩分鐘，兒子沒說什麼，但眼神透出的仰慕，是從來沒有看到過的。

聽爸爸說起，酷愛京劇的爺爺，從小就訓練他們幾兄弟姐妹，操胡琴二胡練聲唱京戲，不僅在家裡娛樂，還出外娛樂親朋好友。也酷愛京劇的我家親戚，爸爸稱為俞二哥的俞大維，來上海我家，小戲班子還為他單獨演出呢。

舌尖上的炸豬排

在我們家，把生存之基本手藝發揮的最淋漓盡致的，是四姑奶奶聶其璧的孫子周永樂，賴瑞（Larry）表弟，把我們家幾乎每個人的都會搞的西餐羅宋湯土豆沙拉和麵包粉拖大排骨，搬到了社會上，開了一家西餐廳。因他在美國留學回來後，發現上海找不到他兒時的口味了，不如自己來，當時他回國時是開物流運輸公司的，生意忙，餐廳只能請法國廚師來打理，法國廚師非但沒呈現出兒時的口味，還幹了偷竊之能事。天意吧，他的飛黃騰達的物流運輸事業突然遭到滅頂之災，他索性結束了物流運輸生意，專心打理他的餐廳來；從小他就在自家廚房裡，學削土豆（編按：馬鈴薯）皮開始到如何在排骨上拍粉，熟悉全部操作過程，加上在美國對吃的經典又加入許多高級餐廳的體驗，於是一個不小心，他的大排骨和紅湯，都上了央視經典記錄片《舌尖上的中國二》第六輯相逢，可見家規確實會造福子孫啊！

他的故事，包括食譜會出版，回饋社會，《天鵝中閣》二〇一七年出版。這兒，為討好這本書的讀者，先把經典食譜分享一下，女性永遠要走在前面，尤其是廚房，女性的領地。

說故事前，先要把食材搞清楚；所謂大排骨，就是豬玀脊骨下面一條與大排骨相連的瘦肉。肉中無筋，是豬肉中最嫩的一部分。水份含量多，脂肪含量低，肌肉纖維細小，可以說事豬肉可分食十種不同肉質的部位中的姣姣者。這大概在會吃的上海人的菜市場才會讓你這樣分類買，以前，當然是美食之風還未刮起，尤其是在《舌尖上的中國》未開播之前，人們並未留意到，美食的背後會有那麼多和口舌完全不搭邊的地理文化因素在內。

在賴瑞的美食字典裡，大排骨只有兩種吃法，一種是加洋蔥洋山芋（上海人對土豆的愛稱）紅煨，另外一種就是用麵包粉炸的炸豬排了。

賴瑞和他老爸當年去上海德大西餐社吃他們的炸豬排，就覺得口味不道地，並不是說他們炸不來排骨，而是因為工序不對和不足，排骨是炸了出來，色金黃，聞起也香，但裡面不鬆軟，外面也不脆，失去了品味的價值，色香味，最要緊的還是最後一個字「味」上，畢竟是食物，口味不對，那怎麼可以稱之為美食呢？

賴瑞從小吃自己爸爸的炸豬排，牢牢記住了，這豬排從菜市場到廚房的砧板上，再到餐桌，一定要經過三層粉兩油鍋。最為關鍵的三粉關了。三粉，有兩層意思，一是用三種粉，二是這三種粉分三次上。不過別忘了雞蛋。如果少了雞蛋，粉跟本就別想貼在排骨肉面上，當然，還有，調味的鹽。

於是乎，當央視《舌尖上的中國二》提出就要拍賴瑞的炸豬排和羅宋湯時，賴瑞知道，麻煩也來了。果然那天為了把三層粉兩油鍋的每一個細節和手勢都充分表現在鏡頭前的拍攝過程中，足足三十六塊排骨為熒屏捐軀了。即便是為了影片製作條件和時間限制，兩油鍋只需要一個出鏡頭。

廚房的油鍋冒著青煙，那些有幸被選為演員的裝扮妥當的大排骨靜靜地在一旁等待著，現場除了有一種「下油鍋」的緊張情緒，更有的「飢餓遊戲」劇情中所表現的勇士一去不復返悲壯的美學氣氛。

和所有美食電影及美食圖片出品所要求的，外觀的美是放在首位，導演和攝影主要考慮的是炸好的排骨是否能在銀幕上引起觀眾的食慾，於是，為了節約時間，為了美觀，導演決定放棄很關鍵的第一隻油鍋，當然這本書不是烹飪教課書，也不必把每個過程都機械地記錄。不過有個動作非常關鍵，是值得花點指力去描繪的。現代人，絕對不會再用「筆墨形容」這個詞組，這不會是事實，電腦前哪來的筆？更不會磨墨，沒有時間，好墨也難找。

是否留意市面上很多計時儀，為廚房跟食譜算準確烹調時間用，不過在這告訴大家，真正的廚師是不會用這些冰冷的小玩意來主導自己的作品。廚師是分類的，就像畫家也有畫匠混入其中，廚師也鄙視機械模仿的廚子。因為烹飪也是一門藝術，「廚藝」二字就就是因此而來。

排骨下了油鍋，沒有掙紮，靜靜地直插鍋底，唯有這樣才能顯露為美食獻身的英雄氣概。很快，在溫度作用下，排骨的肉身的分子結構起了變化，它不由控制地浮上了青煙冉冉的滾油的表面，這時是廚師出手的時候。賴瑞熟練地把排骨翻了個身，用動作告知排骨：沉住氣。果然，排骨再一次沉入了鍋底，等到它另一面的肉身分子也起了變化後，它再一次浮了上來。

不管你在電影中看到的是如何的顯示，那必然歸功於偉大的剪輯，這是好電影的成功與否關鍵，但賴瑞在此吐露心聲，大排骨之所以可以如此沉得住氣地上上下下，因為在現實廚房裡，那只可能在一定溫度下的油鍋裡才會發生的現象，而這個溫度只有廚師心中有數。

銀幕的背後，事實的真相中，大排骨經過了第一次油鍋煎熬，只為是三層粉飾內的排骨熟透，尤其是靠近骨頭部分。稍微濾乾了油，馬上進入更高溫的油鍋來為上桌而進行華麗的變身，塗黃抹金地粉飾登場。青煙是真，因青煙只愛滾油。

賴瑞供應商提供的大排骨，開面十分之大，比普通人家小菜場買到了，足足大了一倍。也應賴瑞的要求，把邊上的肥肉去掉。厚薄也切割得十分勻稱。

幾乎每個會燒大排骨的上海人都知道，排骨買回來後，無論多少薄，都要用刀背在排骨的兩面拍打，目的是放鬆肉纖維。一個小四方形，拿在手裡沈沈的釘錘敲打。

大豬排經過清洗捶打，好像是經過洗澡按摩的人渾身鬆散的躺在砧板上，任你左右也無力反抗一樣。只見賴瑞用兩只手指拎起排骨，在旁邊盛有打松的蛋黃汁的碗裡，放入拿起，排骨肉已經裹上了亮亮的黃黃的，如愛美的女人搽上了透明的骨膠原。

骨膠原大家都並不陌生，它能幫助製造新細胞，並將細胞緊連一起。因此，有助保持皮膚幼嫩，並避免皮膚水份流失。骨膠原的製造和含量會隨著年齡增長、新陳代謝率減慢及其他外在因素，包括紫外線等逐漸減少。當增新的速度不及流失的速度，皮膚就會出現乾澀粗糙和皺紋等情況。

最近新出爐的香港影視帝黃子華很突圍的經典句子就是：女人最可怕的不是青春的消失，而是骨膠原的無蹤！話說得很毒，但一針見血道出了骨膠原的權貴之身。

緊接著，賴瑞手一抖，稀稀落落，洋洋灑灑，上粉，上的是麵粉，又緊隨著賴瑞的手輕按，骨膠原面膜即刻換上了石膏面膜，那種在女人臉上乾後像石膏剝落那款，剝落了之後在塗上爽膚水和麵霜，那女人的臉蛋就滋潤了。切忌，排骨不能等到有剝落之感覺出來，一絲感覺也不能有！因為不能這時候的石膏面膜作用是要在豬排嬌柔的肉肌膚外面起一個殼！

想像一下，日本藝妓表演時裝扮，那密不透風白白硬硬臉蛋，就是賴瑞現在要做的功夫，不清楚她們出臺的臉蛋上了多少次粉盒和什麼粉，但賴瑞從小就知道，炸豬排要確保豬排肉質的柔嫩，必需，必須，要三層粉：麵粉，菱粉和麵包粉。

上第二層粉粉前，也是必需要裹汁，這就和化妝一樣，乾僕僕的粉無論多名貴，之前如果不用面霜在臉上打底，就是上了粉，也黏不住的。

這次裹得是蛋清汁，然後拍上菱粉，看到這，讀者或許有點被搞糊塗了，就像很多精於保養的女士還在網上發問：每天早上都不知道應該先擦乳液還是先用收縮水，總覺得先用收縮水乳液的……其實，是不懂得程序中科學的道理。答：無論早晚，都應該先用收縮水，或者柔膚水之類的，再塗面霜！因為這些水，是起到一個承前啟後的作用的！只有把這一步做好，做充足，才對面霜的吸收有好處。你不用覺得塗了收縮水，面霜就進不去營養了，相反，面霜的營養會更有效的滲透肌膚！

這就是為何蛋清汁放在第二層的原因。下了油鍋後發生澱粉的糊化和蛋清蛋白質的變性，並結合在一形成一個複雜的凝固層，它一方面能把熱量均勻地傳導給原料內部，使之慢慢成熟。當然，並不是馬上下油鍋，是要等到第三層麵包粉就位之後。

正宗的大排骨給人以鬆脆嫩多重的口感，嫩就來自分子變化的橋到好處的肉身，脆當然出自於第二層的「緊膚水」，鬆就來此第三層麵包粉的功能，所以，麵包粉的粗粒要大，也是先要經過骨膠原美譽的蛋黃汁打底，如果以上的三份兩鍋工序都做足了，恭喜你，有可能可以自己製作大排骨了。

俗話說，紅葉必須綠葉襯托，麵包粉炸排骨也是，它的綠葉就是並不辣的、上海人俗稱的

「辣醬油」。

究竟什麼是辣醬油呢？這裡就不能再講下去了，否則便成讀另一本書了。

既然下廚被稱為廚藝，那就是說吃是可以用來教育的，眾人的口味難調，那麼我們就來理家裡幾個人的胃味，教育家裡人，為什麼吃如何吃怎樣吃，講得出道道的美食，不怕沒人試。曾有段時間在美國，那時我們家裡幾口人，堪稱國際社會。我當大廚，從來不去問他們吃什麼，而是依照自己的口味，每天整出不同的一套套，例如日式，義大利或德國主食等等，所以家裡人都以為自己在試食國際特色，即便某種菜式不怎麼合口，也不會投訴。依照自己口味燒菜還有一個好處，就是全世界不喜歡吃，你也會高興，絕對不會憂鬱，因為他們少吃或不吃，自己就可以大大放懷吃個夠了。

奶奶的「蔥油豆渣」

崇德老人語錄：

供膳之物，或供常食，或宴客賓，無論家計富貧，一肉一蔬，一菓一菽，調治得宜，食之自然愉快，亦養生之要務，治家之良圖也。主婦綜持內政，須一一親手檢點。

曾入圍第三十一屆金鼎獎「最佳新雜誌獎」，臺灣的《逍遙Les Loisirs》雜誌，刊登過一個有趣的專題：六十三道我家的私房菜。廣邀社會名流，文化人士與讀者分享「自己家族（或家庭）最自豪、保證其他地方吃不到的獨門料理！」美味的回憶是很難描述的，只有動手做一道自己的菜，也許可以分享給大家，並講述這道菜背後隱藏的家族故事。本人也被邀請，提供了這道奶奶獨創的私房菜。

小時候，每逢吃完年夜飯，我們都會圍坐在一起，奶奶拿上一個托盤，盤內放入乾米粉，再把事先做好的湯圓蕊放在米粉上，慢慢轉動托盤，在裡面滾動的湯圓蕊很快由黑色變為白色，這時候的奶奶就向我們灌輸起三從四德來了。奶奶從小跟隨私塾老師，四書五經、吟詩作畫、針線刺繡無不通曉，不過奶奶的拿手小菜，更令人難忘。奶奶做的宮廷菜翡翠蛋，似一個古玉工藝品，咬上一口，又非常鮮美。過年時的傳統「如意菜」必不可少，十種蔬菜，如黑木耳、胡蘿蔔絲等切成細絲炒成，取意十全十美，稱心如意。她做出來的湖南臘八豆，總是軟硬適中，清鮮無比。

在文革中，我們經常吃的一道菜，便是奶奶自製的「蔥油豆渣」了。因為我家曾是資本家，家被紅衛兵清了倉，每月每人只有十二元人民幣的生活費，當時我們正處於身體發育的時候，經常肚子餓，奶奶把向磨豆腐人要來的豆渣，放上自己在窗臺上種的青蔥，用豬油炒來吃，又香又飽，又有營養。如今年代不同了，我用火腿替代了豬油，同時也可以告慰奶奶，我至少把她的美食記存了下來！

蔥油豆渣食譜

材料

豆渣一碗

食用油二錢

維吉尼亞或金華火腿一小塊（菜譜要給份量。如六兩為例）

青蔥三條

做法

用做豆漿剩下的黃豆渣濾乾，起油鍋，倒入豆渣中火急炒五分鐘。加入細碎的火腿末，和切成小段的青蔥，轉小火再炒一至二分鐘，起鍋裝碟即成。

依據我們家老太太的勤儉的大方向，也不用降低美味的級別。下面是一篇二〇一二年九月十六日的日記：〈今天低成本的菜肴〉。

大概美金十元吧，搞了兩菜一湯，不過內涵頗豐富，也沒違背本人飲食宗旨。黃豆大骨頭湯，青菜蘑菇，蝦仁花生丁。有菇，有瓜類，有肉有蝦，有洋蔥當然還有豆品，營養絕對均衡。

下面粗算，本人算數不好，尤其是心算和連加，記得以前坐在曼哈頓大街上賣畫，沒有一次連加會有相同的答案，搞得我也不知哪個答案是正確的，所以不能細算，毛估估算了。

黃豆獅子城超市自銷，五分七毫美金一袋，用水浸幾個小時，最好過夜。我還扣起一點，下次燒炒醬可用。大骨頭三元一袋，用了一半，總共一塊五，這湯大概就是二元多一點，可以喝三頓。

這裡的蝦仁是這餐最貴的了。七元一袋，用了一半。用鹽先醃一下，然後洗淨，挑去筋，在加鹽和蔆粉拌勻，放油炒熟。去皮花生一元多一磅，最近很愛買，平時洗乾淨用微波爐轉熟，當晚飯的零食吃，不加任何調味，非常香。做菜的話會用冷油炒熟攤冷。紅蔥頭兩元多一大袋，每次用一二個，切碎放鹽把辛辣逼出來。黃瓜是義大利小黃瓜，正好在做特價，五個一元，用了三個，去皮（如果肯定皮不苦可以不用去）切片用鹽爆醃。幾樣混在一起就可以上桌了，平時我還會加上新鮮的生菜絲，口味一級棒。

青江菜〇•一元一磅，這個價錢我每次看到都有罪惡感，太便宜了！因我去過他們的農場，且不說種植上的種種技能，收割時，都是人工一顆一顆切割下來的！蘑菇片是一元六角九分一盒，用了半盒。大家算算，是否沒有超出十元美金？

在做美食主編時，很樂意以廚娘自居，並開專欄，教烹調，標題：

〈廚娘彬彬的創意自家菜——一雞三吃〉

在如今的年代，最受歡迎是美食家再加上廚子的身分，把主婦的精明放在家常生活的首位，而且，也相製造一些趣味，舉例在下面：

彬彬廚娘忠告大家，人就是要笑笑吃吃玩玩才會健康長壽。

一雞三吃套用眼下最流行的話語，就是適用經濟型，食盡其材。

在舊金山灣區很多超市，連鎖店都有烤雞出售，六元不到就有交易，多數買回家，吃的都是雞腿雞翅雞胸等部分。

建議第一吃法，比較營養口味色彩都均衡的的吃法，配以生菜，糖醋小蘿蔔，還有白飯，也可以加在麵包中一起吃。

剩下的雞肉和骨架到第二天，看著就「不順眼」了。可以把雞肉撕下來，做成兩道很惹味的熱炒。

第二吃：黑椒洋蔥蘑菇雞片

當蓋澆飯，再加上個番茄蛋花湯，絕配！特點，簡單快速。

撕下的雞肉還可以做成回鍋雞片，配料可以捲心菜，胡蘿蔔片，用豆豉汁燒，一流！

最後剩下雞骨架，那是燒湯的好材料，很多粵菜館的大廚告訴我，他們煲湯，尤其是煲骨頭湯，都要放一點燒烤過的大骨頭，湯會更香濃。

第三吃：金針菇蜜棗雞湯

把雞骨頭和發好洗淨的蜜棗狗子金針菜，放進鍋裡，滾水燒開後，中或漫滾四十五分鐘到一小時，湯很甜美。也可以放其他的菜乾菇類來燒，海帶也行。

吃雞學英語

英語的雞叫「chicken」，有時會聽到老外對話中說「chicken out」，這時聰敏的妳千萬別接上去說：「啊，雞走啦？我幫妳追回來！」

「chicken out」，是英語俗語，解釋為：膽小如「雞」，有臨陣退縮的意思。例如「He had an appointment to see the dentist but he chickened out(of it) at the last moment.」他已預約看牙醫，但到時候卻不敢去了。

和中文不一樣，英文不是用老鼠形容人的膽小，而是用「雞」。可以用You're such a chicken（妳這膽小鬼）這樣的說法。

吃雞學翻譯

肯德基廣告語是這樣的：「At KFC, We do chicken right!」就這一句英文，卻有十九種不同版本中文句子，華人聰敏！

1. 我們做雞是對的。
2. 我們就是做雞的。
3. 我們有做雞的權利。
4. 我們只做雞的右半邊。
5. 我們只做右邊的雞。
6. 我們可以做雞，對吧。
7. 我們行駛了雞的權利。
8. 我們主張雞權。
9. 我們還是做雞好。
10. 做雞有理。
11. 我們讓雞向右看齊。
12. 我們只做正確的雞。
13. 我們肯定是雞。
14. 只有我們可以做雞。
15. 向右看，有雞。
16. 我們要對雞好。
17. 我們願意雞好。

18. 我們的材料是正宗的雞肉。
19. 我們公正的做雞。最後雞逃走了……

勃根第紅酒燴牛肉（Bourgogne Beef）

還有一種方法可以把烹飪發展成情趣，那就是追星學習法，說不定一不小心把烹調演繹成自己的事業。

話說為寫書寫到法國廚子的法國菜，覺得勃根第紅酒燴牛肉（Bourgogne Beef）光寫不做是多麼殘忍的事，於是乎，抄齊了資料，看幾遍影片，又打了電話問功課，加上自己的以往經驗，避重就輕，終於圓滿完成，口味一流。

勃根第是法國最富庶的地區之一，許多歷史古城和都市，已經在這裡寫下好幾百年的文明史了。勃根第地區也是法國最肥沃最豐富的葡萄產區之一，葡萄園總面積有二萬七千公頃，相當於波爾多產區的四分之一，勃根第地區還是一個美食天堂，就連法國人本身也稱它為「美食薈萃之地」，牛肉於餐牌上佔有重要席位，如今勃根第紅酒燉牛肉也是聞名世界的法式名菜之一，而這款美味菜式也是當地餐廳的必備菜式。

在美國，愛烹調的，尤其是愛法國烹調的，都知道名廚茱莉亞，也是她把這道菜帶到了美國。她的回憶錄《我在法國的歲月》，介紹她怎樣從一句法文都不懂，如何成為美國著名法國料理烹飪家，在一九四八年到一九五四年期間隨著新婚夫婿旅居法國的生活。

本書是茱莉雅・柴爾德（Julia Child）的回憶錄，介紹這位美食家在二次大戰後，這對新婚夫妻——太太天真爛漫，先生樸實老成的組合——從不會一句法文開始，漸漸接受法國人的生活習性，到在菜市場和攤販聊天，到開始學做法國家常菜，到決心接受法國傑出主廚波拿（Bugnard）的嚴格調教。她一步步收集各式法國料理食譜，在自家廚房的小世界裡嘗試烹調出一道道的法國料理，最後開班授課，並出版專門教導美國人如何烹調法式料理的書籍。

從每日三餐一窺法國文化的奧妙，從每一口自己動手烹飪的菜餚，沈浸在法國浪漫的生活步調；這是一本記錄學習法式美食文化的回憶錄，已經於二〇〇六年四月份起在《紐約時報》美食雜誌連載，並擠進《紐約時報》排行榜前十名；亞馬遜網路書店予以五顆星的評價。作者於二〇〇四年逝世，享年九十一歲，本書最後尤其孫姪兒亞歷斯・普魯道姆（Alex Prud'homme）所完成。

這本書的中文版在臺灣是有賣的。大家有興趣可以買來看看，按照裡面的食譜，練幾個拿手菜，不去法國也有米其林菜式吃喔。不是沒有人這樣做啊。

在美國，有位對工作感到灰心沮喪的名叫茱莉（Julie）的年輕女孩，決定用一年時間實踐電視名廚茱莉雅・柴爾德第一本食譜《精通法國烹飪的藝術》中的五百二十四道菜，茱莉在模仿學習的過程中終於找到了自我，隨著部落格瀏覽量的增加，茱莉雅本人也得知了自我的存在。一個美食博主的生活記錄和一個食譜作者的出書過程被拍成了電影：著名的梅莉・史翠普出演的電影《美味關係》（Julie & Julia）。

這道菜的食譜，並不是機密，網上就可以得到，還有茱莉雅親自教授有聲有樣的錄影。如果覺得做的不順利，那就看看電影。當茱莉雅決定在一年的時間裡根據自己得到第一本食譜《精通法國烹飪的藝術》裡的五百二十四道食譜做法國菜，並且開了部落格，把每天的進展寫進部落格、那種每天的新希望和每天的掙紮，電影裡並平行穿插茱莉雅・柴爾德隨丈夫保羅於一九四八年來到法國巴黎居住，學習烹飪，並歷經十年艱辛出版《精通法國烹飪的藝術》的過程。茱莉雅一個人在廚房作戰，這樣你就不會覺得獨孤地，一個人在廚房作戰，例如我，過程的體驗不錯喔。

心得是：

耗時間，絕對做大份八人吃才划算。

比上面兩位要舒服多了，前一位花了八年才出了食譜，後一位更是靠了無比的韌勁才得以完成心願。

以後有了法式看家菜。

製作高湯並不神祕還可以環保，第三張圖片，當天現做。把蘑菇根西芹外幫牛肉邊和切下來的莖莖拉拉放在一起熬，高湯隨手就出來。

口味怎樣，看看那天某人吃得底朝天就不用多說了。

第三章

紅塵僕僕衫為主

穿衣，是儀容的主要組成部分。

著名教育學家張伯苓，南開中學和大學的創始人。為了培養學生的文明行為，張伯苓特意在南開中學校門入口處立了一面一人高的大鏡子，上面鐫刻著嚴範孫寫的四十字箴言「面必淨，髮必理，衣必整，紐必結。頭容正，肩容平，胸容寬，背容直。氣象：勿傲、勿暴、勿怠。顏色：宜和、宜靜、宜莊。」

他信奉這樣的理念：一衣不整，何以整天下。

看崇德老人定的規矩，她老人家專為如何做主婦榜樣，提了有八項考量：「事奉敬謹，行止端正，德性溫良，言語和平，居心仁恕，儀容整潔，早起之益和規矩次序之習慣。」其實只看看前面之六項標題，眼前就出現了一位舉止柔和端莊優雅的女性了。還記得李白的詩句嗎？雲想衣裳花想容啊。如此美麗雍容的女子誰不願意做做她的裙下君子呢？包括夫君兒女，肯定還有，如果家裡有的家政服務員，都會願意聆聽你的話語甚至服從你的指示。巴爾箚克在《夏娃的女兒》（*Daughter of Eve*）中所寫的：「衣著對於女子是一種語言，一種象徵，一種內心世界。」

女人穿衣

總理家庭的女性要懂得穿衣，不光是在心情好時，而是任何時候。說個我美國同學的故事。

樸貞順上課又遲到了，我知道她是為了接兩個女兒放學。當她按照我的示意，在我旁邊預先留給她的位子上坐下後，急不可耐地伸出自己的腳讓我欣賞，哇，只見在淺藍綠細皮編織的高跟涼鞋內那雙白白的腳，每一個腳趾甲上都盛開著一朵黃心小白菊花，因為底色是寶藍，所以襯托著小白花特別可愛。她在我耳邊得意的說，昨天和我老公吵了一架，這是對我心情不好的補償！

我不由得把她從腳到頭細細端詳，米色底小花布短裙子，上面不規則地散開非常淺的藍綠色小花，一件泡泡袖的淺橄欖綠的圓領短袖衫，胸部上方用繡拉起了一條寬兩寸的網，一直到雙肩。網下自然起了小皺疊，卻遮蓋了她平胸的缺點。戴著一頂粉藍色的八角帽，烏黑油亮的頭髮自然捲曲，平服地貼在她那跟日本娃娃白瓷臉一樣白的臉蛋上，亮亮的藍眼影，透明的唇膏，她真美，她的美，美在利用色彩展現了個人的魅力，美在恰到好處，美在不經意的流露。

貞順是韓國人，以前在自己的國家是物理治療師，因為服從身為醫生丈夫的意願，讓孩子早點接受美國教育，獨自帶著兩個讀小學的孩子在美國生活已有兩年，因為丈夫自己不捨得離開在韓國的事業。貞順不甘心脫離社會，儘管丈夫不願意，她照樣在週末去日本餐廳打工，為了及早寫出碩士論文，在美國重拾自己的事業，她又在大學讀書，還要照顧孩子家務，忙得不可開交，但每次上課都會打扮得漂漂亮亮。她懂得選擇最適合自己膚色與個性的顏色，襯托出自己的形象，而且一點都不誇張，穿出了魅力與自信。

色彩具有不同的個性與能量。就拿貞順的顏色配搭來說，粉藍色與天藍色使人心情舒暢，綠色給人一種溫和與協調的感覺，能使人平靜舒適，符合她含蓄的個性，但貞順的美麗的趾甲畫卻袒露了的她內心深處的奔放。

貞順是我們班上一道美麗的風景，她的打扮讓人感到端莊智慧且不失活潑感，正像她告訴我的一樣：「雖然我是兩個孩子的媽媽，但我的心只有十八歲。」

說到這，分享一個小祕密，很多人以為穿衣服講究個人風格或個性，其實顏色適合很要緊。今年二月以首位港人設計師打入紐約時裝周的丹恩（Dan）告誡我們，他的設計作品，除了在加拿大，美國日本東京和杜拜都有，丹恩說，衣著好不好看，取決於顏色是否合適自己的膚色（skin tone），簡單而言，膚色分為四種，白裡透紅，白裡透白，棕和黝黑。白裡透紅的人，穿什麼都好看，屬棕色皮膚的人（黃皮膚）最忌穿黃綠色，令皮膚看起來更黃，不好看；相反，黝黑膚色的人穿鮮紅，海軍藍甚至黑色，都有提亮膚色之效。

著名的藝術家陳逸飛先生就告訴過我，每天早上起床的穿衣就是一種藝術策劃。穿衣需要懂得如何搭配，但是必須記住，不但是色彩，款式，連衣料，甚至是飾物都有各自搭配的藝術。但這並不需要去買全套的，聰敏的女人知道一件衣服可以搭配出不同的功能，如果沒有很多時間去考慮，謹記，全身不能超過三個色彩，另外，巧用絲巾，一條絲巾就能打造魅力。

崇德老人語錄：

婦人平素，不在豔服濃妝，臙脂粉黛，只須布衣布服，洗濯乾淨，身手潔清，坐立端莊，無一切懶惰疲痿之態，斯為整潔。若髻髮蓬鬆，衣服垢敝，終日倚門伴戶，頹廢不堪。又或在家髮亂頭蓬，一些也不修飾，到出門時，卻又裝得妖妖嬈嬈，花言巧語做作出許多媚態來，此等婦人全不替丈夫爭門面，斷無興家之理。故主婦必整潔儀容，使人敬畏，斯可以正家矣。

黑色風情

有一位作家這麼說過：如果女人到了連衣服都不愛的時候，多數是發生了某些棘手的情況。這話是不錯的，我的好朋友，任某大公司高層的俞麗，她天天黑一色，因為丈夫的外遇令她火冒三丈，公司的重組讓她心煩意亂，哪還有心情來打扮，可偏偏她的位置，公關經理，白天的會議，晚上的應酬都必須認真對待，服裝禮儀不能有閃失。

不過我認為天天黑色也沒有什麼不妥，因為黑色是經典的流行顏色，在社交的穿著上也較不容易出錯。所以在白天的正式上班著裝中，黑色的形象色彩安全專業。黑色成為晚宴服的常用色系，因為帶出一種神祕且端莊的感覺。可以說，黑色服裝雖然不可愛，但很討巧。尤其像俞麗的境況，對於自己的穿著配色暫時發揮不出想像力，不妨考慮以黑色系為主的衣著，無論什麼場合都適用。

如果在黑色為主的衣著上善用各種單品配件，也可以搭配出獨具一格的時尚風采，至少大大減少黑色的沈悶感。耳環很提氣，黑色的套裝配上金色圈環，或是銀色的長型條的耳環，都頗具時代感。一條設計簡單但顏色斑斕的腰帶，或是領間點綴的小花絲巾，一樣可以風情萬千。戴上一串彩珠，別上動物胸針，盡顯內心的活潑，不要小看這些飾物，可以為天天的黑一色帶來新鮮感。

穿出黑色的休閒風情也不難。一件圓領黑色無袖棉織衫亮相，這種服裝因為無領，給人一種隨意感；因為無袖，給人一種嫵媚感，加穿一雙高跟尖頭鞋，走路時顯盡婀娜多姿的一面，把女性最自然的美態展露無遺。

晚禮服選黑色低胸性感的拖地裙，轉身一淺笑，不用媚眼就能放出電，因為女人有詮釋各類衣服的那種與生俱來的能力，簡潔素雅一樣穿出個性。

俞麗的黑色的風情給她帶來了意想不到的結果，新老闆的賞識，而兩位男士對她留意，正是從她的天天黑一色的開始。男性認為，黑色都蓋不住俞麗的女人味，她是真的女人，她不一定期待有什麼結果，但確實心理得到了平衡。而老闆覺得，俞麗能把危急巧妙地藏在黑色裡，正是公司所需要的機靈聰穎的公關人才。

把黑色穿到極致的，非宋美齡女士莫屬。抄一段瞭解中外女性多多聲的香港才子陶傑的文字：歷盡了龍盤虎踞躍馬橫戈後的殘山剩水，但比起今日神州大地用Chanel香水和冒牌Prada粉飾堆砌成的「還珠格格」的繁麗女人，蔣夫人的妝脂濃淡得宜，老來一身華貴的黑絨套裝，配一隻翠躅子，紐約公寓的廳堂，放了幾尊辨看不清的瓷器古董，充滿了歷史感，有若線裝小說的繡像仕女圖。這樣一幅情景的描寫，難忘的絕對是「高貴的黑絨套裝」。

美國電影《第凡內早餐》（*Breakfast at Tiffany's*）是一部於一九六一年上映的美國愛情喜劇。最最喜愛的奧黛麗・赫本是女主角。經典的場面是忘不了的：一輛黃色的士在清晨時分停在位於第五大道的第凡內公司門口。衣著優雅的奧黛麗・赫本飾演荷莉・葛萊特利，一個天真、時尚少女，隨即下車，一邊透過櫥窗看第凡內的商品，一邊吃酥皮點心，飲咖啡。其實，任何年代的觀眾在這個時候，為之傾倒的不是櫥窗裡的第凡內首飾，而是赫本身上那件經典的不行不行的黑色連衣裙。

崇德老人語錄：

衣服之於人，有尤其色之異，而大生寒熱之差者，如：黑色，則暖於白色。何也？白色反射日光，而黑色不然也。今依顏色之別，而考其寒熱之度，則黑色最暖，青色次之，綠色黃色又次之，白色最涼。故夏天之衣宜白，而冬衣則宜於黑色青色，是以西人冬衣皆黑，夏衣哲白，其意良可味也。

裁製不在過於合時，惟在善於稱體。近來風俗日奢，少年衣服，恆多格外生新，無窮巧樣，全不是正經態度，殊屬傷風敗俗，子弟萬不可命其沾染，一切異常新樣，概不准施（使用也）。又凡少女之性，好服華美，專講時樣，故意趨於新奇，實則傷財過費，抑思時樣之來，原無窮盡，此樣方製，而彼樣又出矣，今年才製而明年又換矣，家資幾何？能任其更換哉。惟遵平正之式，無論時樣新奇，一以稱體為度，可久可暫，宜古宜今，任花樣之層出，而守吾故態，不見異而思遷，此中既有定見，可換者換之，不換亦聽之，非成家之善道哉！主婦所宜拏定此心，以矯兒女厭故喜新之弊。

其實穿衣，也有環保一說，不光物盡其用，更要物盡多用。如果一件衣服買回來，合適穿的場合很少，一年兩年穿一次，或著就是為了某個場合用了一次就束之高閣的衣服，絕對不要買了，這會造成浪費的。一直很喜歡左丹奴，就是《蘋果日報》的創辦人黎智英進入媒體之前的生意，是個經濟實惠的品牌，最大的優點，是教顧客如何搭配穿搭。

例如你買了一件短衫，就可配裙或瘦身褲，所以要註意色彩是否可以合適，又或者橫條數條各一件，外面配風衣，再加上絲巾，可以穿出不同的風采。而且風衣本身也是百搭單品，可以配牛仔褲，也可以配飄逸的長裙，高樽領合適，露臍裝也行。

怎樣穿衣，如要說有秘方，有，那就是兩個字：得體。這得體兩字，不僅表現在自己身上，而且要符合當時的場合。

第四章
以態度透著修養

我們家人的修養，是我至今還在努力學習的做人重要的環節。從崇德老人說起沒見過她，但在長輩的口中，她是仁慈祥和的化身，我的表姑，前臺灣大學英語系教授，也是前臺灣財政部部長費驊的太太張心漪曾經在臺灣《中央日報》上發文寫過聶家花園，其中有那麼段故事堪稱經典：「在八一三事變前兩天，三舅父來說，外婆要我們一同去巨潑萊斯路三號暫住。於是母親帶了我們四個孩子（哥已在南京兵工署服務），也都搬入那不十分大的三層洋房。有著四五幢洋房的大宅子，由一二十個傭人留守。中國經過太多的戰爭，沒有人把這場戰爭看得太嚴重，最多兩個月吧，我們又可搬回去。一二八事變，我們不也避過一次難嗎？這時我已進了燕京，學校回不去，只得暫留上海。我看到我的外婆仍和平時一樣，祈禱、讀經、看報、寫字，而且替士兵縫衣服（那時她已八十六歲）。我也和幾位同學去傷兵醫院服務。每天一早出去，到醫院替傷兵寫家信，或讀書報給他們聽。軍民打成一片，士氣極其高昂。

那一天，我由傷兵醫院回到家裡，只見後門口站滿了人。走近一看，原來所有留守的傭人已走出來，各人手裡提一個包，滿身塵土，七嘴八舌，在那裡說個不停。原來日本人已占領了我們那大宅子，要在那裡駐軍，把所有的東西都沒收了。把傭人全部趕了出來，一人只許帶一個小包裹。一路上有許多關卡不許走，他們繞到浦東那邊才走了過來。

我第一個念頭就是外婆，他珍藏在三樓箱子間的東西。哎，她平時那麼珍惜的東西，都被日本人搶走。以她八十六歲的高齡，如何受得了這份打擊？我趕緊奔上樓，要告訴母親，千萬不可給外婆知道。母親還沒有來得及走到房門口，已經有一個丫環，慌慌張張衝進外婆房間，緊張兮兮地喊著：「老太太，不好啦！老公館被日本人霸佔，鄭司務他們都出來了，如今在下面。」我急得不知如何是好，只得反身往下跑。

一二十個傭人都已上了二樓，圍成半圓形在客廳站著，鄭司務—裁縫兼管家，男工董國強、劉媽、童嫂、門房老周、彭廚子、花匠，我家總管老劉，包車大阿福，愛吹牛的史五（他們叫他史牛皮）、毛頭，王媽，我一時也數不清。大家表情嚴肅，都垂手站著。我只得也站在一旁看著，沒有了主意。

只聽說，「老太太下來了」，大家屏著氣，不敢出聲，連一根針掉地都可聽見。外婆由順喜扶著，從樓上緩緩地走了下來，安詳地在一張椅子坐下。年長的鄭司務，走前一步，老淚縱橫，掉在他的白花鬍子上：「日本人闖了進來，蠻不講理，把我們趕了出來。一點東西也不許帶。老太太原是留著我們看家的。我們沒看好，真是對不起您老人家。」又拿手拭淚。外婆安詳地望著他們，一個一個地看過去：「妳們全體都出來了嗎？大家都平安嗎？」「都出來了，人也平安，只是老太太的東西……」老人家說不出話來，眼淚又往下掉。我在一旁聽著，心裡也乾著急。生怕氣壞了她老人家。外婆聽了他的話，點頭微笑。「人平安就好，東西是不要緊的。」

和顏悅色為首位

和顏悅色，是對人的基本的態度，如果表現在非常時期，那就是個人的修養相當到家。把個人的損失擔憂控制在別人毫不察覺的內心，也就是我們常說的風度，不是容易做到的。

而優雅風度給人帶來的愉悅，不但是長久的，而且是難忘的。

最近和曾娘娘在微信上互動，她是我爺爺世交朋友的女兒，從小在我家出出入入。她很愛我爺爺和我奶奶，說起了一件很小的關於我奶奶的往事。她告訴我：妳們聶家家風極好，待人接物不分貴賤，都是文質彬彬，以禮相待，聶家對待保姆，言談也是輕聲細語，態度溫和，沒有東家樣子。有件事，我印象極為深刻，同事是上海趙家花園的土著本地花農，但他讀書參軍復員後來我單位已是一位年輕幹部了，他與我很友好，那年他家桃花盛開時，送了我幾株桃花，我請他騎車送至父輩世交的聶家，他欣然應諾，代我「效勞」免費服務，呵呵！因為趙家花園的桃花開得很美，他很樂意送給愛花人一起分享！次日，同事趙驚喜的說：昨天有幸的見到聶家老太太（吾稱聶伯母）她眉清目秀，一看就是出身大家閨秀，待人接物極其禮數，步履輕輕的說話語氣溫和，聲音柔柔的，我從未見過這樣一位如此「端莊美」的老太太！我的同事趙驚訝了！驚喜了！因為他看到是出身民國時期的「聶氏大家閨秀」，有「大家風範」的一位極品老太哦！難怪他：「驚艷」啦！

風度修養還表現在當妳受到惡意攻擊時。

我有位伯母，堂伯聶光坻的太太，何振志，是我除了奶奶外，親眼目睹的最有風度的女性，外界公認她不同凡響的學識修養，卓越的藝術表現和語言表達能力，與美術和諧一致的優雅氣度，和真誠、寬容的為人。有賴於她優越的家庭出身、大學英文文學專業的根基，和在張充仁畫室與從俄籍女畫家習畫的經歷。更重要的是，有賴於她終生不倦的學習習慣。在改革開放之初，她的修養和才華終於得到了充分施展的機緣，在報刊發表了數以百計的外國美術譯介文章，她的西方藝術史講座，從文藝復興到後印象主義，幾百年的藝術發展描述，一如其文采與風度，從容優雅，不矜持，不張揚。

外界並不知道在文革中，那些造反派和乘機撈稻草的壞鄰居把手指都點到她鼻尖了，並惡聲惡氣囂張跋扈時，她依舊好聲好氣地據理力爭或是婉言解釋。

伯母在美國逝世後，她一切的美好都依舊留存在兩岸和她接觸過的人們心裡，並令我獲益匪淺。我的第一本書，非虛構文學隨筆《夢尋曼哈頓》，就是在所有熱愛她的人們熱情地幫助下完成，從在曼哈頓的採訪到上海的出版，還有她留下的文字給了我筆墨上的靈感，可以說，沒有她，可能就沒有聶崇彬作家的今天。

讓我們優雅地成長老去不是不可能的，我致力於推廣。還在服務於美國舊金山《星島日報》旗下《美國都市報》時，特意開了個專欄，邀請我們現任《海外華文女作家協會》會長，專業是人格及社會心理和發展心理朱立立女士，我私底下稱她美麗姐，把自己在保健、抗老、美容、快樂的方面的心得和我們的讀者分享。美麗姐於畢業臺大園藝系，到美國留學生物，進修醫事技術，獲得美國醫事技術師執照，在醫院工作多年。後半工半讀，從頭學習心理學，得到美國新墨西哥大學實驗心理碩士和教育心理博士。曾任教密西根蘇比略大學，德州大學和新墨西哥州立大學近三十年。

美麗姐認為中文裡的風度一詞，是來自英文裡的elegance。她認為有風度的人氣質肯定優雅，但不一定漂亮，也未必年輕，他或她的美麗超越時間和外形之上，是內在美和外形美的結晶，再加上從時間和經驗裡取得的智慧，而有一份由於自信自尊而顯現出來的安詳自如。

美麗姐對有風度人的觀察如下：他們有出眾的氣質，走到那裡，都吸引注意；可是他們並非那種困在個人天地，自憐自愛地以自己為中心的人物；而喜歡聆聽別人說話。在大眾場合，他們不會囂張地高談闊論，旁若無人。和他們說話的時候，你會發現他們並不是高高在上，而是親易近人得讓你可以開懷暢談；他們就有那種把對方的價值發掘出來的才能。

我非常同意美麗姐所說的，風度的培養需要時間，人生的經驗，個人的智慧，和一份領悟。風度是內在和外在美的結晶，深沈而有內涵，是無法一蹴而就的，然而還是值得我們終生追求的目標。

斟茶遞水有講究

崇德老人語錄：

既立門戶，凡賓客來往，不可無款待之禮，客入門，無論貴賤，甫坐，必進茶酒，不宜過遲，茶宜清亮，雖富家有奴婢傳遞，主婦亦當親自斟酌之，即此一小事可驗人家之興替，主婦之賢否。

崇德老人這段敘述，已經在韋先生的回憶錄得到了最好的明證。他是當年我們家裁縫師傅的兒子，在他心裡一直收藏著這樣的故事並寫入了自己的回憶錄《我在戰亂中走進聶公館》。全文如下：

那天，父親領我到了常熟路榮康別墅一〇八弄十號，在戰亂中我這個鄉下孩子走進了聶公館！

我們進了二樓亭子間（父親住的房間）就見到一位年輕美麗慈祥的女士，父親叫她太太，我也跟著叫聲「太太」。不一會太太上二樓，我聽到她對小少爺（光陸）說：有一位新朋友來了，去倒杯茶啊！「雙手接過他送上的一杯好茶，心中有說不出的感激。

那段時間，國軍和共軍在上海郊區展開激戰，槍炮聲不斷，我和父親能住在公館的洋房裡，感覺很安全舒服，在戰亂中我還能過這種無憂無慮的生活，真要感謝老爺和太太！

在公館住了將近一年，（老爺聶少萱，太太顏寶航，二少爺光禹，三少爺光雍，小姐光珏，小少爺光陸，）他們的大名從此永遠記在我心中不會忘，這是因為他們對我的親切，關懷，照顧。

深深感受到：我生活在當時上層社會一個很有教養的家庭中有一段時間，以及之後多年和他們的交往，所以能有機會看到並學到不少，例如待人接物，如何做人，好習慣，禮貌等等，這一些對我後來幾十年的生活和工作有極大的幫助，也使我這個沒有學歷的農村孩童，經過不斷的勤奮自學，努力工作，在工作中作出貢獻，成為一名工程師！

我經常會想起的兩件事：我空閑感覺無聊，要求為他們做點事。他家有工人不需我這孩子幫手。後來他們想出一個辦法，讓我每天中午將小少爺吃的午飯，送到他就讀的學校。我非常高興，因為我做了這微小的回報。

有一天，二少爺拉我到後門的一口水井旁，和他合影。可惜，這張照片遺失了，非常非常遺憾！

韋先生口中的二少爺，就是我父親，至今他們倆雖然一個住深圳，一個住香港，兩人依然是好朋友。一九四八年，崇德老人已經仙逝，又是戰亂時期，雖說過門都是客，但畢竟是家庭裁縫的來避難的小孩子，我奶奶依然按照家規，馬上吩咐我叔叔送上好茶一杯，給小朋友定驚；之前說的那句：你來了一位新朋友，奠定了兩位小朋友之間的平等地位，讓這位逃難的孩子，感到人性的溫暖。最近，在相隔六十八年後當年的二少爺和裁縫兒子在當年的住址重逢了。

社交之回禮道謝

人際間來往需要客套，那是一種尊重的表現。奶奶從小給我們的規矩，見人要打招呼，親戚來訪，除非不在家，只要是長輩，一定要去到來者跟前問安。印象最深，小時候奶奶的幾個表姐妹的來訪是我最怕見的，因為她們說的是自己家鄉的方言，我聽不懂，但還是必須要陪伴她們坐一會，才能離開。陪長輩說話，眼睛必須直視，那時爺爺隨時隨地要我們上樓談話的，有次時間長了點，眼睛朝著鐘瞄了一眼，不幸被爺爺發現，被罰延長談話時間，嚇得再也不敢了。不過長大後，卻發現很容易和老人相處，是我的長處，我想就是兒時訓練出來的吧。

去做客，決不能空手，收到禮物也要回禮，尤其回給別人的容器一定不能空。回禮送禮講心，不一定昂貴。普通的往來，我通常會選一些容易生存的小植物，種在舊貨店淘來的瓷器小盆小罐的，精心打扮成獨一無二綠化禮物，很受朋友們的歡迎。有次一位女友編劇的話劇在矽谷盛大公演，別人都送大束大束的鮮花，而我用了一個高跟鞋的瓷盆栽了好看的綠葉，送了給她，如果用金錢計算，才三元美金，但她當寶貝似，後來去她家，看到一直保存著，因為她那齣話劇，名字叫《高跟鞋和領帶》。

請客吃飯，似乎眼下都會在餐廳發生多，因為現代人忙，怕煩。其實可以的話，宴請三五知己好友在家，固中的情趣和體驗不是餐廳能夠帶給你的。人是需要分享的和得到認可的知性生物，這符合馬斯洛的需求理論。

記得很多年前，我跟隨紐約的十房堂哥聶楊和堂嫂秋晨去康州探訪堂嫂的老闆。那是一次和美國上流社會的領袖接觸了。康州貼著紐約州，很多在曼哈頓居住的有錢人，也會在康州買一個帶有私人碼頭的小別墅週末居住。很多人上班都在曼哈頓，但他們上班決不擠地鐵，而是坐自己的遊艇從自己的碼頭出發去上班，工作日就在住曼哈頓的公寓，週五就坐遊艇回到康州別墅過週末。堂嫂老闆的家正是一座帶私人碼頭的大房子。車子去到老闆家，開了院門的鎖，但不見任何房子，進了閘口，車還要行進一段才到了老闆的家門口。

我們參觀了客廳花園，當然那個私人碼頭給我留下很深的印象。晚餐，是主人夫婦親自下廚，簡單隆重，一個頭盤蔬菜沙律，主菜是一大件雞，好像是慢燒鍋拿出來的還是烤箱裡的，有點記不清，反正美國多數家庭都不大用明火煮食了，一來煙火不衛生，二是確保食材原味。飯後的甜點是他們自製的冰淇淋。

這樣的宴請，也適合多人聚會。

我自己個人體會，不光是食物要有故事，飯後的甜點不能少，而且筵席的過程中，人性化的服務要跟上，例如每個賓客都有濕毛巾，飲料冷熱都具備。宴會後，寫個郵件感謝大家光臨，即便是做客，之後的感謝卡是要的，增進人之間的友誼，如能手寫。也為更體現修養。

一百多年前，崇德老人已經如此有見解：

書信者，記言語於紙，而代達情意也。行文須平易簡明，無取乎繁文縟詞，表誠心，適實用，禮至情親而不近於迂，斯為得體，若文人之致辭，選言宏當，則固未可一例視矣。

第五章
開源節流基本元素

崇德老人語錄：

凡有家不可無蓄積之念，本身應入之財，盡可贏餘蓄積，或生息，或置產務須經營竭力以備緩急。若盡所有而悉用之，必至終身無餘，常憂不給。

只要有了家庭，不能沒有積蓄，能積攢的資財，應盡可能積蓄贏餘，或作投資，或置產業，定要盡心盡力經營好，以備緩急。如果把平日的積蓄全部吃光用光，家徒四壁。

生活上的經濟師

首先，一個家必須要有儲蓄，還必須要有生活開支每月總數的六倍流動資金在手邊，應付急變；然後杜絕先用未來錢，杜絕浪費。崇德老人在《聶氏重編家政學》給了我們方法杜絕浪費。一，選擇宜慎重，日常用品只求牢固，不求華美，也不要貪便宜，便宜之貨有假冒或缺損之嫌。二是雜物之中，柴米油鹽之類不能短缺，用得多者，要乘大減價時多入貨。三，時價考量，作為精明的主婦，必須要懂得比價，拿蔬果來說，買當季是最合時宜的，不論從價格上或是新鮮程度上。

我們家一直保留著祖宗的勤儉的優良傳統，在世界各地的聶家子孫，生活愛好可以一樣，生活習慣也可以相同。就拿出去用餐來說，美國堂哥和國內的堂哥，都會自帶幾個洗乾淨塑料盒子，去裝剩菜。對我家的勤儉的體會是，不是不吃不喝的節省，而是做到物盡其用。優質家庭，沒吃沒喝怎麼能夠格呢？要做到這一點，必須用腦子，告訴你如果真的做到了，你的興奮度不但是省下了幾個錢，而是為自己的聰慧，因為你配得上經濟師這個職稱了。

別一提什麼「師」呀就覺得高深不可測。經濟師人人可以擔當，只要做到兩點，一是帶來經濟效益，二是心神感到愉悅。錢財來源於生活、消費於生活，最好的經濟師就是能讓自己的生活在這兩點上相得益彰。

如果大家還是丈二金剛摸不著頭腦，那就給一點例子吧。看過那本叫做《在星巴克要買大杯的咖啡》一書嗎？這就是日本經濟學家吉本佳生寫的生活經濟策略，用一種通俗用法演繹的各式案例，生活中無時無刻都會遇到。例如不同價格的瓶裝茶飲料，我們應該買自動販賣機的還是超市的？為什麼電視機和數碼照相機的價格不斷降低？為什麼移動電話的收費標準非常複雜？

在星巴克買的咖啡有大小杯之分，買哪種杯子的咖啡最划算？以「消費者的視角」來理解身邊的「商品、服務價格」，其實我們每天都在做。當然作為消費者，即便你探討出那些經濟規律或是黑暗內幕，我們都無法去改變，太多的投訴申討可能帶來身心疲憊，最實惠的做法就是了解了實質，然後避重就輕，當你用了最小的付出（包括時間和金錢）得到了最大的效益，你就成為了成功的經濟師了。

就拿星巴克咖啡來說，也不能為了划算硬去買大杯，對健康無益還有浪費嫌疑。於是有人就提出了去星巴克直接點一單份Espresso，再要一杯熱水，倒在一起，然後悠閒地走到全部免費調味吧臺，特調一杯只屬於自己的、經濟又美味的咖啡，據說這價格是舉世無雙的便宜，究竟便宜成怎樣，賣個關子，讓各位自己去實踐吧！

我喜歡去Peets coffee & Tea咖啡店，絕對買一杯加水兩人喝，太濃了。而且Peets吧臺上除了星巴克有的牛奶、豆蔻粉、巧克力粉、糖漿等，還有蜂蜜！最要緊的，是星巴克的烘焙技術還是向Peets先生請教的呢。

如果有人又在那吵吵，咖啡自己家喝最便宜，說點別的吧！好，那就說說我們日常買菜吧。首先看中貨品，其次看價錢，沒有用經濟學裝備自己頭腦的人，可能就隨便買下了。有經濟頭腦的，還會深入地比較一番。經常買嫩菠菜，有鐵質，補充自然元素的最佳方法，買回來加調料涼拌，既簡單又美味。通常超市是一元五毛一紮，但去掉埂子還要好好洗滌一番，否則難以去掉泥土，還不如花一元九九買一包洗乾淨待裝的，全部是葉子；也不用費心去洗，省下的時間用你自己的人工值去比較，肯定賺了一大筆吧。

再說一個盒裝蘑菇，同樣貨品一樣的分量，那要挑已經切了片的，也是同樣道理。當然，不要吃不吃都買了一大盒，最後冰箱塞不下，過期扔掉不少，買的時候就應該搭配好，或挑幾樣百搭貨品。買打折商品，要看清楚過期日子。如果日期不再考慮之類，例如紅酒，在同等的條件下，那就看那個品牌打折的幅度大而決定。如果價錢分量一樣，就買名牌貨啦！

在矽谷生活的華人，都有為回國送什麼禮品而傷腦筋的時候，都知道國內人喜歡名牌，女士們尤其喜歡名牌包。如果即要拿得出手，又要顧住自己的荷包，有何好方法？首先不要買歐洲名牌，是有足夠理由支撐的。首先是自己國家品牌不可能不支持，也是因為美國的本土品牌是最有優勢的，因為它們的打折最厲害，而非美國品牌，則優惠幅度不大。

像LV、Hermes包包、Cartier手錶之類，由於不是美國品牌，優惠非常小。即便是美國品牌，如何買也有講究。例如Coach和Guess這兩個品牌比較，在美國都是算大眾化的牌子，但Coach包，早從前幾年還默默無聞，到現在國內竄紅成為了一線品牌了，價位在三千元以上，非常拿得出手。在美國，原價就只要三百多元，已經比國內便宜了近一千，加上如果能進大型購物中心（outlets mall）還要打折，真是千值萬值。

在寫這文章的時候，正好遠在德州的堂妹在購物，現場發來短信傳上一Coach包包照片，說在打六折，大小和顏色都不錯，尤其是典型的C圖案，不用湊到跟前看，就知道是什麼牌子。堂妹最後又發來短信，說一百六十美金還是買貴了，她一個朋友看到微信圖片，說她那裡只要一百美金就有，美國購物這點好，一個月之內憑發票可以退貨。看來線上溝通是經濟師有效的工具呢。

體育衣物和鞋類也是在美國也是占盡天合地利優勢。我回上海時，最喜歡去我媽家對面弄堂的理髮店做頭髮，老師傅不僅手藝好，且價錢比那些裝潢漂亮、每天上班前員工要大喊口號的大型連鎖店便宜將近百分之八十。這位師傅勤勤懇懇，天天上班，為了兒子拼命賺錢，但唯一哀求我就是從美國給他兒子帶一雙Nike運動鞋，他對我說，國內不是買不到，但花了錢不知道買的是否真貨。

聽說Nike在臺灣的價位在五十到一百元美元以上，在美國不打折時也如此，但常常可以買到的是可以低於這價錢的。對於男士，一直覺得Polo有相當的品味品，絕對不是那種奢侈的張揚，國內知名度也很高，在大型購物中心三十美金以上就有交易，和國內的價位在一二倍左右，要買哦。哈，可能有的讀者看到此，就會嘴一撇說，這不是在說如何過日子嘛！

說對了，「華人講『過日子』，這個『過』字用得特別好，『過』就是你要不斷地思考，不斷地要分析。」中國國家統計局總經濟師姚景源曾用這句話解釋其實在百姓的日常生活中就隱藏著很多經濟學，從生活小事當中也可以看到經濟大勢，看懂了經濟大勢可以更好地安排計畫我們的小事，那麼我們絕對可以成為生活中的經濟師了。

生活富裕與生活豐富的對比

有時候，我們為了要過自己的理想日子，不想為了五斗米折腰，例如我，有過很長一段時間，只是在報社兼職，每週的雜誌出版，只給妳兩天的工作時間，也就是所謂的，時間富裕了，手頭就緊張了。如果，妳一直過慣了勤儉的生活，量力為出的話，其實，日子並非難過。但是，難免的，會被別人歸入貧困人群中去，這樣，不可避免會捲入社會矛盾。

美國貧富矛盾飛速升級，現已達到近二十五年來的最巔峰。與此同時，貧富不均也已超過移民、種族關係和年齡問題，成為當今美國最大的社會矛盾。身為社會人，無論你願不願意，都置身於這個矛盾之中，如何調和這個矛盾不是普通百姓赤手空拳可以做的，但是調節自己的心態確實很有必要的。

首先要認識到貧也好，富也好，可以用階級去區別，但窮人和有錢人絕對不是對立的敵人。第二，富人有富人的煩惱，窮人也有窮人的快樂，富裕可以解決所有物質上的問題，卻不一定能滿足精神上的需求，所以我的口號：希望生活富裕，做到生活豐富。

拿我來說，絕對是屬於「貧」這一邊的，在舊金山沒有自己擁有的住宅，住的是兩睡房加個有天窗的小廚房，連客廳都沒有的房子。每個星期只工作兩天，所以說我的收入是在加州貧困線以下的，哈哈。多少付出就多少收穫，不過做的是自己喜歡做的事情，所以絕對沒有怨言。

有次我應邀參加一位臺灣好友的同學聚會，在她位於和蘋果教父賈伯斯家同區的豪宅，有兩畝半土地的家裡，兩層樓還裝有電梯。我興高彩烈地告訴了其他的朋友，還介紹說，她們那個女中的校友，到了社會上嫁得人都是非富則貴的，很有趣。其中一位很好的文友卻回信很嚴肅地批評我，不應該去參合有錢人的活動，她質疑我是否想拍有錢人的馬屁。她一直以過著清貧高雅的生活為榮，一家三口生活在某國的農村，但她對有錢人會有那麼深的戒備，這是我無料到的。我這人從不隱瞞自己的觀點，所以回信給她，說有錢沒有罪，我不會「歧視」有錢人，哈哈，沒想到，真的把她給得罪了，從此之後再也不理我了。

那天到場的，都是好友的同學們及其家屬，她興高彩烈地介紹我認識她的同學們，有一位還是小學的呢，幾十年來一直有聯繫。幾十年雖說過的快，但要保持青春時代的友誼卻真的不容易，我真為她高興和驕傲。

我說這個故事，就是想告訴大家，清貧絕對不是你自卑的原因，也不是你離開社交網路的理由，只要想一想，如果錢能解決一切問題，那麼就不會有那麼多有錢人自殺或是得憂鬱症了。

崇德老人在其《廉儉救國論》中說：

> 思想家盧梭、托爾斯泰、馬克斯、苦魯巴金，皆能屏斥物質之享用，用自甘於儉苦淡泊之生活。盧氏、托氏，皆戒絕肉食者（苦氏似亦不食肉）。又如近世大科學家艾迪生，飲食起居，皆在試驗室中，蓋於世俗之欲樂無所好也。汽車界兩雄，福德與斯龍司，皆不沾煙

酒，不喜遊樂。大科學家愛因斯坦，樸拙淡泊，無利慾心，某影戲公司請其一登銀幕演說，酬資二十萬美金，愛氏謝絕之，蓋謂學問非為金錢也。其他科學名人，清操多有類此。其學術事業之成就，初非企圖肉體之享用，故不得謂有慾望而後有發明也。

這裡她列舉了大思想家盧梭、馬克思等，大科學家愛因斯坦等甘於儉苦淡泊的生活。那麼她自己如何呢？光緒十五年（一八八九年），曾祖父已任蘇松太道（道員），他們夫婦所穿衣物還是光緒元年即十五年前結婚的舊物。家中眾多小孩也僅「竹布長衫」而已。

崇德老人致富理論：

開財之源，莫要於勤。每見赤手成家的人，無所憑藉，惟日夜勤勞不怠，久而遂成巨富者。蓋勞而後能聚財，未有不勞而財為我聚者，此必然之理也。主婦總理內政，萬分不宜惜勞，不特專心紡績，潔齊酒食，無論何事，都要躬親操作，以身先之，為一家之倡。如是下至僕婢，亦可觀摩遷善，尤須用時得法，凡有應為之事，當必為之時，趁此努力做去，則辦事極快，勞苦反少。若輭弱不振，緩一時又緩一時，久之疲玩日甚，頹廢百出，甚至廚下則食物餒敗，腐臭生蟲，堂室則椅桌參差，灰塵山積，器物破壞，隨處散置，衣服垢敝，洗補為難，此等人家，雖與以千萬之財，亦必消受不住。主婦宜及時自醒，勿蹈此種懶弊，古語有云：『大富由命，小富由勤。』誠哉言乎。

開源節流，是一切經濟的基本元素。

崇德老人自編年譜中記載了這樣一件事情：自己只有十幾歲時，跟隨母親來到父親文正公任兩江總督的總督府。小女兒入總督府總要穿得體面一些，光鮮一點，所以上面穿了一件藍色的小夾襖，下邊穿了一條綴青邊的黃綢褲，就這條黃綢褲其實也不是她的，而是她的長嫂，也就是曾國藩的長子曾紀澤過世的妻子留給她的。但就是這條褲子的青色花邊讓曾國藩覺得太繁複、太華貴了，就指責她不應該穿這樣的褲子，讓她趕快換掉。小女兒趕緊回到房間換了一條沒花邊的綠褲子。由此可見，文正公是見不得繁複，見不得孩子身上帶有太富貴的東西的。

曾文正公在信中多次苦口婆心地陳述自己這種勤儉的緣由：「天下官宦之家，多隻一代享用便盡，其子孫始而驕佚，繼而流蕩，終而溝壑，能慶延一二代者鮮矣。」子女在驕奢淫逸的環境之下是不可能立大誌的，開始是驕逸繼而就是流蕩然後就是敗家。一個官宦之家能夠延續一兩代，真的是很少很少的。所以曾文正公覺得應該由勤儉入手教育孩子懂得如何生活，這才是最好的教子之道。而大人應該以身作則，那在如今的臺灣又是如何進行節約呢？方法多著呢。臺灣基本實用節約法如下：

衣

時尚年年轉，但脫不了「三十年河東三十年河西」的繞圈法則。所以第一保持自己身材不走樣，是最好的節約，當十年前風靡的時裝款式今年又復興的時候，你穿上這件比現在的價格便宜三分之一流行款式時，心中的滿足感是對自己的最好獎勵。對小孩子而言，自號都能穿循環的，朋友的，鄰居的，孩子們竄高的很快，一律都買新的，不符合環保精神；同樣，自己家裡多餘的衣服，都可以洗乾淨了，送到各類需要的地方。防蟲防黴是保存衣服首先要考慮的，每年要在換季的時候，看看有無可不適合穿，但因料子或某些原因捨不得送走，可以改造。如長褲該短褲，孩子來說，最常見的，是連褲衫改成背心。

我試過，有一床單，花款我非常喜歡，但被單舊溶了，我就把兩邊還結實料子裁減下來作了枕頭套，還額外縫製了鞋套。

食

考慮安裝相關的手機ＡＰＰ軟體程式，例如選擇時令蔬菜水果時推薦「臺灣當季蔬果ＡＰＰ」或是「果然食在ＡＰＰ」。既不違背大自然規律，也因為大量上市而價錢便宜。還有根據臺灣農委會的建議，用「食物里程」（FOOD MILES），這個概念，儘量選擇運輸路線短的食物，這樣因運輸和倉儲費用不會高昂，拿到手的價格肯定便宜。這就是說，多去本地農場販賣，少去超級市場。

善用廚餘，以前送兒子去紐西蘭留學的時候，在他的寄宿家庭裡，看到女主人總是把吃剩的菜，例如那天剩了一個雞腿，去掉骨頭，切成小塊，加入洋蔥等，炒製成做肉餅的餡料。

崇德老人在她的家政學中，教我們多樣的儲存法，也是節約的一種方式，因為如果食物沒能保全好而不能吃，就等於浪費了金錢，別忘了還有時間也賠進去了。現代人，尤其是像住在臺北如此的一流大城市，通常都使用冰箱來儲存食物，不過小小的冰箱儲存，也很有講究，保持怎樣的溫度，才可以把不同的蔬果保存在同一容器內。往原則上來說，其實只要注意三點：除了上面提到的溫度，還有空間的考量存放的方法也是很重要的，例如存放蔬菜，肯定用報紙包住放入冰箱，不必用超市的塑膠。如果心中沒有概念，可以去圖書館借些有關書籍來增長自己的知識。

食物和衣物一樣，太多時可以和別人分享，尤其是突然要出差。記得在臺灣有幾個地方是有和公眾分享食物的「社區冰箱」或是叫作「幸福冰箱」，在台中的霧峰和睦中心教會、台大校園以及臺北南機場夜市等等，上網查一下，說不定有很多這樣的機構。

住

最理想的住，適合自己的家人住在附近，同一社區或是同一屋簷下的樓上樓下，或隔壁房，這樣不但可以大家互助，而且節省相互往來的時間，又保持自己的獨立空間。我兒子就曾表示過，以後就住在你家附近，方便上你家飲湯；一聽就知道是香港長大的孩子。

家，不講究房子是買的還是租的，但一定是平靜的港灣，潔淨的場所。要想另家人在外也惦著家。開源節流，首先須記住臺灣節能的網站，可以對自己用電用水或是其他家居必備的設施是否有節約能量的空間，為何呢，只因很喜歡看到的一句話：聰明節能帶來永續生活。例如，避開用電高峰使用洗衣機，用臺灣的話來說，用電時段分尖峰，半尖鋒週六半尖峰，還有離峰時間各有不同費率，電費會相差百分之四十上下，頗為可觀。善於用水，我媽媽有個絕招，每次洗澡不是要等水龍頭開一陣子才會有熱水嗎？她就會用塑膠桶去接住那些冷水，用來沖廁所非常好，因為如果空放水每三四分鐘就會用掉三十－八十公升的水，雖然是小數，小數怕長算，積累下來就是大數目了。家具設備都選擇二手，或是自己做，還可以想法交換。台南有藏金閣，臺北惜物網都是給你靈感或是方針的好去處。

行

如果可以，不要開車或機車，開車的人，會越來越不想走動。對環境保護對身體健壯，最好的行是走路和騎自行車。

看過一個資料，說是，每天少開十公里車，會減少七百公斤的二氧化碳，而且騎自行車，能降低死亡率，據說有資料顯示，是百分之二十八。而走路或是散步，更能使一個人變得從容。如果非得要坐車，公共交通工具應該是首選。好多人認為公共交通工具慢，一路要停站，但細想一層，你開車出去，也要找停車位，頗花時間，且越來越難，據臺灣交通部二〇一四年的統計，平均每次找停車位的時間為九點二分鐘，比較二〇一二年增加了〇・三分鐘呢。

第六章
敬老唯尊無疾而終

人說，最怕老來苦。

如果你不想老來苦，現在就要好好地照顧家中的老人。

崇德老人云：

若我今日怠慢養老，異日兒女，亦必怠慢養我。何也？凡兒女最易看樣，幼時見父母待祖父母如此。己視為故常，不加詫異，且不特其看樣如此，而天道之循環，必使如此報復而後快，此一定之理也。故主婦主持中饋，務當於養老加意，以立兒童孝順之基。

老人在家主要是幫他們打發時間，除了散步、看電視、打麻將、玩遊戲，還可以教會他們一些現代的社交活動，如上網、玩微信，很多老人上了微信之後，就不再黏著自己孩子，因為孩子們的一動一舉，他們都瞭如指掌，只要學會看朋友圈，或者自家成立一個小組。父親在七十八歲的時候學會了拼音輸入法，從此他發郵件玩簡訊，有了十年快樂的時光。最近更以八十八歲的高齡加入了微信行列，成了我們聶家群組的老太爺成員。

崇德老人關於如何對待老人的警戒：

人老則身體枯瘦，精力衰頽，取攜不能自主，如草木逢秋凋落，狀殊可憫。為主婦者，能無恤乎？嘗見有一般子婦，其待翁姑，每不如待兒女之親切。如幼兒遺便溺，則忍臭勤洗，老人吐痰涎，則惱厭不堪。幼兒思菓餅，必隨時買來，老人思飲食，則全不計及，幼兒值啼哭，必細意慰撫，老人或詢問，則叱為多心，種種怠慢，逆理傷心。不思人在世間，終日勞苦，原為留貽子孫，圖老來安靜。

家庭中和老人相處，除了一般要考慮的問寒問暖的關心，多加陪伴的知心。還有一點特別要留意，就是維護他們的尊嚴。很多老人技能退化，但不肯承認，或自己不察覺，例如耳聾，反而怪說話者聲音太輕。一位女性朋友的婆婆九十多歲了，聽力退化的厲害，如要對她說話，必須大叫大嚷，朋友怕鄰居誤會自己對婆婆不禮貌，就買了一個小黑板，心想能解除困境。誰知婆婆不開心，說我又不聾！朋友只能把黑板棄之，改為把自己變得更耐心說話更貼近。

天道循環

臺灣天主教樞機主教單國璽以九十歲高齡病逝，他的病中感言引起了我的深思。主教以「掏空自己、返老還童、登峰聖山」為題，發表在天主教教友週報。他舉自己三次病中出糗的經驗，讓他原本與一絲不掛地懸在十字上垂死的耶穌，有一段距離的問題徹底解決了！感覺莫大輕鬆感。

單主教文中記載自己的失禁有三次，其中一次是為了治療因肺部積水吃一種強烈利尿劑，他毫不知情，恰恰正在舉行聖祭時藥性發作。等到了廁所，尿水不但已經尿濕了褲子，還濕了一地。這已經令他覺得「尊嚴和顏面盡失」，誰想到第二次在醫院發生瀉藥半夜藥性發作，糞便撒在地板上，被攙扶去廁所的男看護訓斥小孩子般的教訓，單主教寫道：「他的每句話猶如利刃，將我九十年養成的自尊、維護的榮譽、頭銜、地位、權威、尊嚴等一層層地剝掉了。」

這段文字提出了兩個問題，一是對老人的尊重，要如同對待幼兒一般有耐心，否則會像崇德老人所說的那樣「種種怠慢，逆理傷心。」

二是年紀大的人，不怕病痛，不怕吃苦，但是對最後失禁的狀況很固執，不肯使用尿片，這種狀況我在醫院看得多，自己家裡的老人也有過這樣的情況。

其實，任何病症如有失禁的情況出現，例如拉肚子，用紙尿片是一種很明智的方法。第一，不會影響其他人，第二，可以控制原來控制不了的狀況。市面出售的成人紙尿片當然不是為拉肚子服務，而是為了許多行動不便，如廁不能自理的老人們，可是，通常老人們不肯接受，最大的原因，覺得穿尿片是承認自己沒有用了。

我奶奶最後的日子可以自理，身邊有用人照顧，放個便桶，很容易解決。但晚上比較麻煩，常常畫了地圖還不知道。那時候的上海，沒有洗衣機，更別說烘乾機了，家裡人企圖說服她用尿片，但她拒絕。後來我在朋友的幫助下，找到了一款紙尿片墊，就是不是包在身上，而是墊在身子下，雖然褲子還是保護不了，但至少被單不用常常洗了。

其實，人的尊嚴不是自以為是的，尤其是需要別人幫忙的人，能在最小的範圍內，少麻煩別人，或把自己麻煩範圍降到最低限度，這樣反而會贏得別人的尊重。

可能還有一些人只是為了自己的不舒服，但要這樣想，就是穿了密封緊身底褲而已，可無論是自己還是別人來幫你清潔都方便好多。

那怎麼看待自己的「沒用」呢？我是傷殘人，在很多方面都是很「沒用」的。例如，站也不能站得多，蹲也蹲不了，走得慢，更跑不了。那又怎麼樣呢，接受唄，又不是我故意地偷懶，我的病況如果別人可以理解最好，無法理解也不是別人的錯，因為他沒有這樣的感受。

普通人不可能有主教那樣的智慧，在接受了導致自己「九十年養成的自尊、維護的榮譽、頭銜、地位、權威、尊嚴等「掃地的羞辱之後，以「返老還童、登峰聖山「的心態解決了自己所感受的無地自容。對老人的尊嚴的維護，千萬不要用令他們難堪的語言，大家都有老的一天，千萬緊記。

崇德老人云，老人進食之訣竅：

老人飲食，亦如小兒，宜取滋養多而易消化者，飯宜輭煮，菜宜爛熟。蔬菜宜新鮮，調理之際，最防粗硬，其不嗜者，毋強進也。飲料則溫水、清湯、牛乳、肉汁等類，投其所嗜者進之。酒最無益，嗜之者亦不宜多，茶能破睡，多亦非宜，生冷之類，尤宜慎也。

老人在家時多，各種嗜好，因之而減，除飲食外，無可為樂。故主中饋者，須用心烹調，時進珍味，以得其歡心。雖貧家魚肉常少，亦有新鮮時蔬，最宜口味，調理得法，食之亦甘！內則云：『婦事舅姑，棗栗飴蜜以甘之，滫瀡以滑之。』言調和飲食也。

食卵亦最有益，禽鳥之卵，利於營養，消化尤速。雞卵，鎮心安五臟，益氣補血，清咽開音，故各國多以雞卵為常食。禽鴨卵能滋陰，除心腹隔熱，鹽藏食良，惟蛋久煮，黃白戀硬，難以消化，以熟而質嫩為宜。

崇德老人推薦吃鴨蛋，很有道理的，中醫認為，鴨蛋有大補虛勞滋陰養血、潤肺美膚的功效。人體最好每天一個蛋，不管是雞蛋還是鴨蛋，尤其不想吃大肉的人，蛋黃和全蛋存儲大量的蛋白質、膽鹼和其他營養素。故此，美國農業部將蛋在飲食金字塔中界定為肉類。蛋黃是好東西，富有的卵磷脂對大腦有好處，我被一位醫學院教授勸說每天都要吃一個蛋黃。以保有足夠腦力開動腦筋。

我爸爸自從知道了吳冠中老人每天一杯牛奶、一個雞蛋的飲食理念後，自己也跟著奉行，他從來不吃各類補品和補充品，目前除了血壓有時候會微高外，一切機能正常。

老人每天還需要有文娛消遣。崇德老人每日必恭書文正公的「不求伎求詩」數遍，從一筆一畫中，仔細體悟父親的德行恩澤。崇德老人的書法得自父親真傳，頗見功底，當年北京、上海一帶，上流社會的家庭都掛有她的墨寶。她的書法筆法謹嚴，骨肉勻稱，反映出她宅心仁厚，是世上少見的有福之人。

她把文正公的那套修身養性的功夫發揮得淋漓盡致，起居定時，三餐飲食，以素食為主，從不奢侈學浪費。飯後堅持走一千步，每天睡前用溫水洗腳，即使是數九寒天之時。不大喜大悲，一直活動九十一歲將去之時，仍是耳聰目明，神清智爽。

我們家對防病治病有非常優良的家族傳統。我家祖上是從江西搬遷到湖南衡山的，開籍始祖樂山公（「樂」在此處念一ㄠˊ，漢語拼音為yao），生於清康熙十一年八月初三，歿於清乾隆三十年正月初五，享壽九十三歲。他不僅性格仁慈，治學嚴謹，還精通醫道，救死扶傷，在衡山美名盛傳。這傳統一直延續到我的爺爺，小時候親眼所見，鄰居們，尤其是小孩子，一有頭疼腦熱，就會來找我爺爺，爺爺是送醫送藥之人。到我這輩，也是被公認屬於有點醫藥常識的人，例如，加州健康院舉辦正念學習班開班學習，為醫藥箱買一批常用中藥備用，也是我這位義工的服務範圍。

三房堂姐崇實也跟我說過，她幼年時和自己的爺爺（我叫三爺爺）及崇德老人一起住時，印象很深的就是家裡的送醫送藥，抗戰時對附近有病貧苦民眾施中藥以接濟。她說，常有傭人入屋稟報門外有人索藥，家人，多數是三爺爺和崇德老人問清症狀後，會差傭人把合適的成藥送去，分文不取。崇實姐至今記得西瓜霜是怎麼做出來的。三爺爺還研究中醫中藥，著有《傷寒解毒療法》等中醫藥書。

在《聶氏重編家政學》有很多種不同的藥方記錄，我曾問過中醫專家，是否可以和讀者分享？得到的答案是非常肯定地：這些古方都是非常有用的。

休息淨化重整

曾很認真地看過叫《真原醫》的書，這就是做義工的好處了。我是舊金山總圖書館中文讀書會的導讀員，平時看書喜歡隨意翻翻，但兩個月一次的讀書會要讀的書，我必須要看透了，否則怎麼指導別人去讀，還要面對各類的提問呢。

什麼是「真原醫」呢？原來是「真正原本的醫學」的意思。作者楊定一本人，既是醫生也是醫學研究者，他相信徹底完全的治療不能單靠藥物，而是要徹底改變人的三個方面：身、心、靈。他提倡全面的健康觀念是「預防醫學」，也就是整本書所揭示的「真原醫」。

這本書從分子矯正醫學開始，談到了由適量的營養來支持細胞正常功能的人體最佳環境，因為可以預防和治療，由新概念的飲食，結合消化，從姿勢到修身健心的一系列組合，簡直是一個浩瀚的工程。

如果把人體當作一臺機器，常年累月的工作，常常聽到，某個壯年，或是從來不生病的人，突然離開了人世。可能也是因為他們本身體質很好，忽略了一些症狀，或是太忙，有了症狀而沒有及時去跟進。所以說，在繁忙的生活中，我們需要給自己一個時間休息。

所謂休息，作者是這樣解釋的：「……停下來，包含所有的生活習慣，還包括所有的思考模式。只有停下我們所有的慣性，才有機會省思自己以及自己對生命所做的一切。」有沒有身心的累，尤其是出現過問題，或是生過病後，那就要進行第二步，淨化，讓身心自行清除廢物，這些廢物，可以是化學毒素，或是纏繞我們心靈的種種習氣，不管怎樣，我們必須糾正身體這塊土壤出現的嚴重偏頗。

就拿我來說，非常幸運地在乳腺癌剛發生時，及時地進行了手術和手術後的中醫西醫的跟進治療，可以看做是「淨化」；但我心中明白，造成這病狀的還是來自於自己的一些壞習慣，所以必須做一些糾正，也就是作者提出的「重整」。因為我的病因來自於荷爾蒙過多過活躍，所以除了在飲食上控制，例如不再常吃雞及葷菜，連每晚的紅酒也改成偶爾品茗。生活習慣上，不連續地出席社交活動，免得自己興奮，最要緊的是減少寫作的時間和和改變寫作習慣，以前我總是喜歡最後衝刺的，還得意洋洋地說，腎上腺素一提升，文章就出來了。事實如此，但可惜身體不受用。

在《真原醫》一書中，有很大篇幅是說，靜坐的種種好處和生活及科學的關係。那什麼是靜坐呢？「靜坐只是一種透過不同的技巧，將註意力集中在一點的形式。靜坐幫助人們將心靈由日常的大小瑣事中解放出來，讓心靈恢復原本的和諧與完整，在這種狀態之下也能帶動身體其他部位達到統合和和諧。」

全球瘋狂的正念減壓

靜坐，也被稱作冥想／正念，正在改變西方主流社會的生活方式。《科學》雜誌二〇一〇年十一月刊發的哈佛大學研究表明，成年人的百分之四十八時間都在走神，而走神的心往往更不快樂。正念的練習就是讓我們訓練我們的大腦，增強對當下一切的覺察力。眾多科學研究證明，這種增強的覺察力將讓我們更好地管理自己的情緒，掌控自己的註意力，做出明晰的更優決策，也能更好地放鬆減壓和優化睡眠。

美國《時代》雜誌曾兩次將正念／冥想作為封面報導，二〇一三和二〇一四年兩屆達沃斯世界經濟論壇也有專題正念討論會。美國的知名公司包括Google、維特、Salesforce都長期開有正念培訓課程。

牛津大學有專門研究正念的正念中心，史丹佛大學有一整棟冥想中心。哈佛和史丹佛商學院都有正念為基礎的領導力或情商課程。連ＮＢＡ籃球明星柯比・布萊恩（Kobe Bryant），雷霸龍・詹姆士（Lebron James）都持續接受正念訓練。

在iPhone自帶的「健康」程式中，也會看到蘋果公司已經把「正念」列為和「健身」、「營養」和「睡眠」並列的健康四大支柱。矽谷Twitter、Linkedin、Salesforce等眾多科技公司ＣＥＯ和高階主管也都是常年冥想練習者。

學習正念減壓有年頭了。那年我打算寫一本媽媽傳記，送她當作八十歲的生日禮物，但有些害怕，因加上自己當時的雜誌工作，工作量和時間緊，人容易興奮，我最大的敵人就是荷爾蒙太多、太活躍，這曾經是我發生乳癌的重要因素。所以我一定要學會一種方法可以隨時讓自己平靜和保持體力，正巧好朋友童慧琦開辦免費中文八周課程。經過學習，最大的體會，是正念可以幫助集中註意力，心不在焉是每個人都常常發生的狀況，但學過正念之後，就懂得如何把心思帶回，讓自己煩躁的心很快得以平靜。那次課程印象最深的是一日禪，非常奇妙的體驗，我把平時的正念練習和這一日正念禪修打個比喻，前者好似小瞌睡，後者確實整晚的酣睡。因為在這一天裡，我們的下意識已經告訴自己的腦子，這一天是真正屬於自己的，沒有電視電腦，沒有家事和工作騷擾，所以這顆心很容易靜下來。

正念減壓課程是由喬・卡巴金博士（Jon Kabat-Zinn）在一九七九年於麻省醫學中心發展起來的一個八周的減壓課程。

通過正念練習（正念冥想、正念瑜伽，軀體掃描等），正念減壓課程可以幫助我們提升對我們自身體驗的覺知，提高我們面對生活中起起落落時的韌性和智慧。過去三十多年裡，隨著科學研究對正念減壓之療癒作用的證實，「正念減壓」已被醫療、學校、企業、監獄等機構廣為應用，在美國及其他國家，正念減壓已經成為主流醫學的一部分。舊金山灣區的史丹佛大學、加州大學舊金山分校醫學院的附屬醫院中都應用正念減壓來幫助病人身心康復，在Google等企業中，培育正念成為企業文化建設的一部分。

而學習正念減壓最大的收穫，除了每天可以有那麼一段時間去平衡心態和體力，（記得當時一起學的同學，在軀體掃描的過程中還睡著了呢，可想而知她是如何的放鬆）還可以拿來「救急」。

有次在完成了正常的編輯排版工作，又突然要趕幾篇文章，當把急需的任務完成之後，人突然覺得心跳不止，身體也一下子疲憊了下來，有點「癱掉」的感覺，我就馬上端坐好姿態，深深呼吸，做起了正念冥想，不出一會，心開始靜了下來。我又做了軀體掃描，關註身體的方方面面，一個小時之後，身體回來了。

我的身體容易亢奮，所以學會了靜坐，實在是收益非常之大。但是千萬不要以為靜坐就只是平靜就座，真正的靜坐，是對生命萬物的充分理解和接納，這種理解和接納，能讓我們放下心中的一切困惑和煩惱。嘗到甜頭，為了更好地為自己的健康和幫更多的人群，後來我參加了麻省醫學院二〇一三年和二〇一五年在北京舉辦的正念教育培訓班，其中二〇一三年七天的密集式訓練是由卡巴金博士親自授課的。目標，正式成為正念減壓療法（Mindfulness-Based Stress Reduction，MBSR）的導師。

在現代社會，很多人受負面情緒、壓力、疼痛困擾，身心倍感倦怠。自從一九七九年卡巴金博士在美國麻省大學醫學中心為病人開設的正念減壓課程，越來越多的人在這項訓練中受益，許多病人身心壓力減輕了、疼痛焦慮得以緩解，免疫力得到提高，生活中體驗到更多的輕鬆快樂。

在癌症治療領域，正念減壓療程能增加病患的對疾病的心理適應，減少疾病引發的壓力、焦慮及睡眠失調等問題，有效提升患者的生活質量。

正念療法對以下情況有幫助：改善情緒、緩解焦慮、壓力；改善慢性疼痛；提高自我的認知覺察力和改善人際溝通等等。

向大家介紹一本由正念減壓創始人卡巴金教授親自撰寫的書《正念療法》，已被西方醫療界肯定多年，並被運用在多種的身心疾病患者臨床治療上，現已成為西方身心醫療的方法之一。喬・卡巴金博士，美國麻省理工學院分子生物學博士、馬薩諸塞州醫學院的榮譽醫學博士，也是禪修指導師、暢銷書作家。

《正念》一書，是卡巴金博士在臨床實驗十五年後，對一般大眾介紹如何在日常生活中運用正念，作為自我療癒的方法和原則，深入淺出，真摯感人。書的第一部分說明唯有正念方能活在當下，並進一步廓清正念的含意，第二、三部分則分別陳述正念的兩種訓練：嚴謹密集的正規坐禪及行禪，以及較為隨意的日常正念。

第七章
至高至尚家庭總理

很驚異曾祖母崇德老人的先智，早在一百年前就提出家庭總理這個詞，而且是在那男尊女卑的年代，需要多大的智慧和膽識啊！主婦這名稱在國外也過時了，主婦（House Wife）已經被家庭總理（Domestic Manager）替代。這是個崇高的職位，還必須有智慧和技巧。在崇德老人的《重編聶氏家政》裡已悉數女性對家庭那至高無上的作用了。

俗話說，國有國法，家有家規，沒有規矩，不成方圓。而崇德老人把管家這個任務交給了我們女性，並賦予了極大的榮譽。

家也者國之本也，何以謂之家，綜男女老幼，下至奴婢僕役，共成一團體者也。然則一家之中，其人其事，亦至不一矣，何以各得其所，不紊其序，遂趨進於幸福也。曰：必有治之者也治之者何。有一定之規範，維繫夫男女老幼，奴婢僕役，使之一各得其所，不紊其序，以趨進於幸福也。然則治之之責，其誰屬乎？曰：主婦也。一家之中，有丈夫焉，有主婦焉，不屬之丈夫，而專屬之主婦者。何哉？曰：丈夫者，治於外者也，主婦者治於內者也，一家之事，無一不與主婦相關切，蓋未可委之丈夫者也。也然則丈夫遂不可治內乎？曰：抑亦有不暇者存也，丈夫志在四方，無論士農也、工商也，需盡一已之能事，以食力於外，竭智慮，積貲財，待經紀於主婦，保守以成家者也。故家道之興衰，全繫主婦之賢否，賢則得人而理，賢俾丈夫克勤厥職，賢無複內顧之憂，賢門戶以之崇，兒女以之庇，族黨以之睦，鄰里以之和，而慘澹之經營，遂以臻進無窮之昌熾，其幸福莫大焉。若頹惰不振，坐事廢弛，務服食之綺麗，昧物力之艱難，丈夫終歲勤劬之所蓄，不難因循漸漬而耗之。將兒女競趨怠慢，僕從亦習偷安，局面既隳，門戶以替，不第失天倫之至樂，其衰微可立致也。然則一家之政，其必賴主婦之防範者，豈淺尠哉，家政之必需防範，不俟贅矣。

崇德老人說；家庭，是國家的根本。家庭是集一家男女老幼，下到奴婢、僕役，共同組成的一個整體。然而，一個家庭，各人所處的地位和所從事的活動不同。怎樣才能使他們各得其所，不亂次序，最終獲得家庭的幸福呢？這就關係到治家的方法，治家必須有一定的規範，來維繫家庭男女老幼、奴婢僕役之間的融恰關係，使他們各得其所，從而達到家庭幸福的目的。那麼治家的職責，到底歸誰管呢？當然是這家的妻子。一家之中，有丈夫，有妻子，職責並不屬於丈夫而專屬於妻子，為什麼呢？因為丈夫要管家庭以外的所有事務，只好把家庭內部事務交由妻子來承擔。所有家庭一切事務，沒有一件不與妻子相關的。這便是不可將家庭瑣事委託給丈夫的原因。然而，丈夫就真的不可以管理家庭事務嗎？也不是，因為，一個家庭的男子，肩負的壓力太大，他實在沒有空閒時間來管理啊！

男兒志在四方，無論士、農、工、商，他必須盡自己的能力，來做好本身的工作，竭盡自己的智慧，積攢資財，交由妻子經管，以之維繫家庭的運轉。所以，家道之興衰，完全在於妻子的賢良與否，賢則得人得理，使丈夫克勤職守而無後顧之憂，門庭因她而崇高，兒女因她而受到呵護，族人、朋黨因她而和睦，鄰里因她而親近。憑著她辛辛苦苦的經營，使家庭逐漸興旺起來，從而獲得無窮的幸福。倘若妻子頹唐不振，對家庭的管理廢棄鬆弛，一味追求吃、穿，不珍惜來之不易的物力和財力，把丈夫一年到頭勤勉勞累得來的積蓄逐漸消耗殆盡。兒女日漸懶怠，聽任奴僕養成偷安的惡習，原來昌盛的門戶從此一蹶不振。這樣，不但失去了天倫之樂，而且衰微的局面立見。所以，治家大計首先一條，必須依賴妻子防患於未然，這樣的例子還少嗎？

以上就是崇德老人對家，如何來管理這個家以及何人來管理家的據理據實的闡述。

一八九九年在美國平湖召開的第一次家政會議，把家政學定義為家庭經濟學（Home Economics），主要為家庭經濟管理活動。直到現代，東西方家政理念才漸漸趨於一致，涉及到家庭生活的方方面面，在今天的家政學中「家政」一詞包括以下含義：一，家政是指家庭事務的管理。「政」

是指行政與管理，它包含有三個內容：一是規劃與決策；二是領導、指揮、協調和控制；三是參考、監督與評議。

家政的古代意義為家庭事務的管理。隨著時代的變遷，現代意義上的理解為：家政是對家庭關係及其事物的統稱。家政涉及家業、家法、家風、收支、教育、人與人的關係，家庭與親戚、朋友、鄰里的關係等等。更有甚至，現在的家政，已經作為一種行業推出。不過，不要以為當年的家政會過時，聶氏重編家政學有十二章，分類非常仔細，堪稱實用家庭生活指南，一本在手，時時刻刻提點著日常生活的規範。

崇德老人從自己治家的得益總結出，在她出版的另一部著作，《廉儉救國論》。文章結尾特別指出：

> 顧亭林（即顧炎武先生）曰：「國家興亡，匹夫有責。」吾則曰：「匹婦尤有責焉」。屏斥華美之服飾用具、勤儉刻苦，以激勵男子，其造成良好之社會習氣，培養國家之元氣，保全世界之安寧，非吾女子之責乎？願吾女同胞勿以其為「老生常談」而勿視之也。

古人云：「國家興亡，匹夫有責」，我以為，豈但男兒有責，我們女同胞更有責！拋棄華美的物質享受，勤儉刻苦，激勵身邊的男子奮發圖強，造成良好的社會風氣，不斷增強我們的綜合國力，進而保衛世界之和平，這難道不是我們婦女的責任嗎？希望姊妹同胞千萬不要認為這句話是「老生常談」而不引起重視！

司馬光說，《家範》比《資治通鑒》更重要，因家風是世風之基。所有達官貴人專家名士，都來源一個出處，就是家庭。家庭既然是最小的社會生活人聚單位，就要用規則來規範。這種規則，可以使幾個字的提綱要領，也可以是洋洋數千成萬字的文本條例。前者，領會精神放置行為，後者隨時學習執行，功能不一，殊途同歸，都是為家庭設立了一個可以遵循的標準模式。

這真實的家庭總理的故事，發生在我家。

他的管家婆是博士

美國婦女的獨立性，眾所周知，好像她們一直給人一種為了維護自己的獨立，可以放棄一切的感覺；其實並不然。美國人家庭的觀念非常之強，在我的訪問其間，給了我新的感受，尤其是當我拜會了我的堂哥崇錦家後，這種感受更加強烈。

我從未見過崇錦，我還未出生，他們一家就上海搬去了香港，等我到了香港定居，他們在我到之前，早已經移民去了美國。我只聽說，他們一家經歷了所有新移民都要經歷的適應期後，生活都很好。幾兄弟姐妹不是碩士就是博士，崇錦出自於名牌大學史丹佛大學的博士，又聽說娶了美國妻子，生活美滿。

我終於看到崇錦，他的身體語言極之豐富，那渾身來勁的樣子，根本與他的年齡不相稱，但他卻告訴我，他早已提早在英特爾公司退休，就為的是能再去大學，學自己感興趣的東西，他現在主修西班牙文和音樂。他一路開車，一路告訴我，他太太卡羅已在家為我準備晚餐了。

崇錦的家，背山而起，最大的特點是樓底高闊，廳房裡巨型的玻璃窗，把開闊的景色一覽無遺，所以做在廳裡吃飯，無比的愜意。長型的飯桌已擺放好了碗碟筷，等我們寒暄完閉，女主人又回到廚房去忙活了。

崇錦向我示意，可以先吃冷盤了，不用等女主人，恭敬不如從命。我們四個人就先吃了，我和崇錦，他的兒子及女兒。

女主人又端著熱炒出來了，很久沒有看到如此中國式的招呼了，有點受寵若驚。而崇錦卻若無其是的樣子，兩個孩子也自自然然，有說有笑有吃，我從這認定了，他們一家的模式是這樣的，起碼是吃飯的模式，並不是因為我這個來自東方的客人。

女主人終於入坐了，她藍眼淺髮，但竟能說國語，說得還挺標準。聊開了，我竟然嚇了一跳，這位相夫教子的家庭婦女，竟然擁有柏克萊大學人類學博士學位，但她從婚後就當上了全職主婦，而且越做越過癮。

卡羅在加州柏克萊城認識崇錦，深深愛上了這個精力十足的中國年輕人。之後，他們結婚，卡羅跟著崇錦走過世界上許多國家，其中，她最熱愛的是日本。在日本其間，她每天很早就起床，把一切安排妥當，就苦讀日文，直到今天，她都沒放棄日文，她已成了兼職的日文翻譯，她悄悄地對我說，中英翻譯太多了，獨缺日英翻譯。

對著她越久。越覺得她可愛，以前我總覺得，婦女獨立的前提是經濟獨立，今天覺得，如果這樣認為，太狹隘了，其實真正的獨立是人格的獨立。

崇錦和卡羅生有二男二女，女兒已長大搬了出去，長子在哈維穆德大學（Harvey Mudd College）進修數學，就是在坐的我那位漂亮的混血兒，馬上要去也是有名的賓州大學上學了。做母親的親自送他入學，我聽了，真的覺的很羨慕，因為不是每個母親都能和孩子一起經歷這人生重要的時刻，我就是一個。我不僅沒能親手送兒子入大學，連小學開學都因為有工作在身，不能親眼目睹，至今內疚，因為這是一個每個家庭要載入史冊的場面。

不說不知道，完全是華人面孔的小女兒，竟是他們從中國安徽農村領養的棄兒，他們一來是為了減輕中國教育的負擔，另也是給這個家增添天真活潑的氣氛，尤其是在自己倆個孩子長大之後。其實，卡羅和崇錦很早就致力與中國的教育事業，尤其是農村的教育，他們不僅出錢，還親力親為，聯絡了一大班志同道合的朋友，利用自己的假期，去安徽蓋學校；妳說，卡羅投入的工作，是多麼具有社會影響力。卡羅閒暇之餘，還和小女兒一起去學芭蕾舞，完完全全是為了自己的興趣。

卡羅還未說完，崇錦已在旁邊嚷嚷：卡羅，有沒有甜品？我這才醒覺，我只顧和他們夫妻二人輪流說話，不知何時，孩子們已吃完回自己的房間，卡羅也差不多把桌子收拾乾淨了，真是標準的勤快太太。卡羅拿來了甜品，我不禁問她，幹了幾十年家務，是否覺得自己大材小用？她笑著搖搖頭：人生最幸運的是擁有一個需要自己的家。為了家而付出，是最值得的。

看到這一切，我想起了一個真實的故事。有對國內的夫婦，以求學的目的來到美國，並帶來了他們的女兒，十歲也不到，不久，又生了第二個孩子。丈夫讀書，又要打工，太太不願落後，也去讀博士學位，原本，倆人中有一位可以是陪讀身分在家照顧孩子，或是出去打工，讓另一個可以安心學習，但他們夫婦倆各不相讓，結果，不僅為生活，學業，工作和孩子疲於奔命，也為了瑣碎小事，爭吵不停，不幸，丈夫不久因心疲力疾而去世了。婚姻看來也是種合作，只要得到家庭的穩定，不必去計較是夫唱婦隨。還是婦唱夫隨！

《哈佛談判學》一書裡講了這麼個故事：作者自己是哈佛談判學講師，還是美國總統的談判專業顧問，她母親是領先於她那個時代的女性先鋒。在女性普遍不工作的年代，她母親常常因為「自己上班，而讓丈夫去接孩子」，而備受其他主婦們的排擠。

諷刺的是，這樣一個以工作為重的時代女性先鋒，卻偏偏生了一群個性不同的孩子——作者的大姐先後於普林斯頓和康乃爾等頂尖名校接受教育，結果卻在結婚生子後，甘願成為一名家庭主婦。

這件事讓母親大為光火，她簡直不敢相信「自己的女兒」在拿過獲得了富布賴特獎學金後，居然選擇「待在家裡看孩子」。於是只要有機會，她就大肆批評責備大女兒「浪費了社會資源」、「喪失了發揮自己潛能的機會」……

作者的大姐一面默默忍受著母親的批評，一面繼續做她認為正確的事情——當一個充實、為家人帶來快樂的主婦。她以當年學習的精神，激發了自己作為母親的所有潛能，把五個孩子培養了卓有成績的、敢於追逐自己夢想的年輕人。

這個故事不長，卻回味無窮。

如果一個人，靠自己的言行，可以給自己和許多人帶來快樂、希望和前進的動力，那麼她已經足夠成功了。

臺灣清華大學教授彭明輝回答別人關於那些全職媽媽，應該如何面對沒收入、沒專業表現角色的提問的時候，這樣說：「人生最值得追求的有二者：一是加深、加寬、加厚自己對人性高貴面的瞭解；二是讓世界因為自己的存在而變得更美好。」

沒有一點遺憾

說回家政，在中國古代，家政最初被理解為確定與維護家庭人倫秩序的家庭管理活動。如《周易》有「家人卦」，是最早講家政的篇目，其彖辭說：「家人有嚴君焉，父母之謂也，父父子子，兄兄弟弟，夫夫婦婦，而家道正，正家而天下定矣」。其中的「正家」即家政。

崇德老人在她的《重編聶氏家政》清楚地表示了家政學並不是她的首創，是受到日本作家下田歌子的家政書籍得到啟發，下田歌子的所處的文化環境不同，但她的「國脈之隆盛，基乎家庭」之說，為國家培養完美婦女的思想是完全一樣的。

下田歌子，「才色兼備」，被世人奉為女性楷模。她也因此被選任為兩位皇族公主的老師。為更好地完成皇族公主的教育任務，她獲得海外考察教育的機會。她曾在英國皇室附設學校生活過一段時期，後來又考察了法、德、義、瑞士、美國等歐美國家上流社會女子的教育情況。

海外考察歸來的下田歌子，認識到中層以下的大眾婦女的教育，才是「國家隆盛之基」。回國不久，華族女子學校併入學習院，她也升任了「學習院女學部」部長。

下田歌子將實踐女子學校教育目標定位為「傳授修身齊家所必需的實學，培養賢妻良母」，在教學內容上開設國文、歷史、家政、技藝等科目，學制五年。而女子工藝學校學習年限則為二至三年，主要以教授裁縫、編織、刺繡、插花、烹調等實用的家政技能，目的是「傳授處世所必需的實學、技藝，兼授（女子）自立之道」。[1]

這不由想起了我最喜愛的日本女演員山口百惠的故事。

山口百惠是我最喜愛的日本女藝人，也是公認的紅星，十三歲參加歌唱比賽出道，十四歲推出唱片，十五歲主演了第一部電影《伊豆的舞女》，開始清純善良美貌征服了所有的觀眾。她的電影我每一部都不會錯過，每一首歌都百聽不厭。可是，就在在她事業正處於巔峰的山口百惠卻卻家給了她的銀幕情侶三浦友和，當上了全職太太，把鮮花和掌聲都留給了舞台。

轉眼幾十年過去了，她再也沒有以明星的身份走進公眾的視野，她履行著自己的諾言：我

---

1 摘自〈下田歌子：為國家培養完美婦女〉。來源：zhiboba的書室。中國論文網。http://www.xzbu.com/4/view-6764069.htm

想成為像空氣一樣的妻子。不給丈夫和孩子添麻煩的那種妻子是我的理想……她把自己的家庭主婦生活過的有聲有色，喜歡做家務做菜，不錯過孩子們的校園活動，喜歡制定計畫和家人一起去旅行。現在孩子們都事業有成了，她也有了自己的業餘愛好，二〇一四年，她以「三浦百惠」之名，在國際拼布節展上展出了自己的手工拼布作品。

雖然沒考證過下田歌子的賢妻良母國民教育是否和山口百惠的主婦之路有直接關係，但是時尚又漂亮日本婦女溫柔賢慧，「出得廳堂，入得廚房」，安於相夫教子的確有目共睹，有句出名的格言，是男士們的理想：世界上最完美的人生是「住英國房子，吃中國食品，拿美國工資，娶日本女人」。

很認同阿琳・克雷默・理查德（Arlene Kramer Richards）對女性的見解和分析：她是美國教育學博士、臨床心理學家、精神分析師、詩人、美國精神分析協會紐約區前主席、紐約弗洛伊德學會和國際精神分析協會（IPA）培訓和督導精神分析師，同時也是國際精神分析協會會員。她曾發表多部學術著作，在女性發展、變態心理、孤獨等方面有很深造詣。她是北美女性發展領軍人物，任教於美國多所大學，並發表多部關於女性精神分析的學術著作，在世界各地都開設了女性精神分析的工作坊。她是國際精神分析協會北美區代表，中美班美方教員顧問，中美班女性組老師。

她認為女性可以這樣保鮮自己的魅力：生活是要去過的，每個人都在過自己的生活，作為女人，也許我們要被賦予很多要求，但妳是不同的，成為妳自己，做妳想要去做的事，過自己的日子，也許妳生活的方式與別人有很多不同……這個過程中妳會有恐懼、猶豫和害怕，但也是過得去就可以。所以當別人過著與妳不一樣的生活時，也要這麼想，過得去就可以。

對我來說，理解生活的方式是我們要找到方法去過我們的日子，科胡特（Heinz Kohut，心理學家）發現他對兒童期的理解和弗洛依德不同，那他就用他的方式理解……在這個過程中，我們作為女人有很多想法、有很多思考，我們有自己不喜歡的，也有自己喜歡的，這就是屬於我們自己的部分。怎麼保持生命力，就是成為我們自己。這期間，我或許這樣或許那樣，過得去就行了，我跟妳不一樣，在這個過程中，我們逐漸去中心，發現別人可以跟我們不一樣，我們自己不同於他人，我們每個人都有很多自己的故事，有個人去問上帝，為什麼我們人要有不同？上帝說，因為我要聽不同的故事。

崇德老人主婦榜樣之八要求：

> 第一事奉敬謹，第二行止端正，第三德性溫良，第四言語和平，第五居心仁恕，第六儀容整潔，第七早起之益，第八規矩次序。

作為總理級的人物，還是需要有的自己的組織，說得通俗點還需要組成女人幫，西方稱之為sisterhood，定期舉行自己的聚會，保證有自己的空間和時間，並獲得身心上的相互支持支持；這兒分享一下我們矽谷女人的生活小故事。

早早燒了兩個菜，事關我上海老鄉好友在聖塔克魯茲（Santa Cruz）山上的「行宮」剛改建好飯廳，邀我們幾個女人去她家面對好山好景喝酒品美食。我以前到過她家，沒喝酒站在她家的露臺（deck）面對群山夕陽已經陶醉，不願入屋進餐，現在可以品景品味同時進行多好。裝修還未完全結束，我們就心急的要去了。我帶的一個是蜜製蝦仁，我拿手的是清炒蝦仁，但我們家的老小老外都不愛，只能用海鮮醬油和甜酸辣醬加料，結果一舉成為中西通殺的名菜。我的這幾位女性朋友友都是過精緻生活，雖然買的是三點九九美金的無頭白蝦，但製作道地絕不能馬虎，挑筋去泥，用鹽洗刷幾鋪，再用餐巾紙把水份縮乾，然後再加鹽和粟米粉略醃片刻，加料猛火翻炒而成。

另一個菜是翡翠白玉，我的看家菜之一，狂受朋友追捧，每次去聚餐，都沒有剩的。此菜製作簡單，一包新鮮雪菜，一包加工好的魷魚塊，放在一起下鍋，略加攪拌五六分鐘，即可出爐，成本費四元美金多一點。

按照事先的約定，我的文學伴侶開車，因為全球定位系統GPS找不到山上的地址，我賢姐坐旁邊看地圖帶路，山路難開，我是有體會的，因為開錯了掉頭不易。我們幾上幾下，司機發言了：「這怎麼可以住，買杯珍珠奶茶都不易！」我和她說，你上去了以後，會說一切都值得！一路上去，她的車有響動，她擔心極了：「會不會命赴黃泉，剎車好像有問題。」終於到了，我認出了老鄉的家，讓她把車開進去，司機不放心，追問：「你確定？否則便成私闖民宅，人家可以用開槍來自衛的。」在美國，要吃頓精緻的飯多不容易。

果然，我們進了屋，看到我們即將的美食天地飯廳，真有要呼天搶地的感覺，原來在一側邊的露臺上，全新搭建了一個三面大玻璃，高空的飯廳！！司機第一時間拿出相機跑上露臺，一邊嚷嚷：「老了就要到住這種地方，對著山搖搖椅子」，我提醒她：「你不怕開車了嗎？」她連說：「找人開，找人開！」

兩個上海女人和兩個臺北女人從喝湯開始，幾個小時在哪兒沒有動過窩，直到人家老公下班進門，我們才恍然大悟，雖然天色還早，但時間已經很晚。回到家中，已經收到主人的感謝郵件，說是沒給老公機會嘗試我的小菜，因為她太愛了，一掃而空，不過老公紅燒肉過酒也吃的滿意，並邀請我們在短期內再上山！我馬上答應，並保證下次帶的食物量一定會包括她老公的，應該善待男主人嘛！

為了多聚，我們自組了電影俱樂部，成員輪流主持一次。電影俱樂部首次的主持人，也是高山上行宮的主人挑了著名俄裔作家蘭德的生平電影《蘭德的激情》（*The Passion of Ayn Rand*）。這是一位哲學家、小說家。她的哲學理論和小說開創了客觀主義哲學運動，她同時也寫下了《源頭》（*The Fountainhead*）、《阿特拉斯聳聳肩》（*Atlas Shrugged*）等數本暢銷的小說。她強調個人主義、理性的利己主義、以及徹底自由放任的資本主義。政治理念可以被形容為小政府主義和自由意志主義。她的作品銷量在美國據說僅次於《聖經》。

她的著作裡支持男女在智慧上平等的概念（舉例而言，《阿特拉斯聳聳肩》裡的主角Dagny Taggart是一名親手勞動的鐵路人員），她認為男人和女人在生理學上的差異是導致男女在心理學上差異的主要來源。

看這部影片的震撼，不是女主人公的婚外情，也不是和小情人的二十五歲的年齡相差，卻是她對那種情感的不顧一切的追求和正義凜然的擁有。她不諱言自己的饑渴，更是要自己的丈夫和情人的太太認同他們的感情，同意他們倆每週一次的幽會，是多麼的殘忍。不過，當你看到的確她就是靠著和小情人的迸發出來的激情，完成停頓十二年的寫作，也不能對她說不，因為生活也因此向前。情人夫婦一對得到事業，她和丈夫也躍上了另一個人生的高峰。可以說她是一位真實的女人，看到了生活的本質，不為過。

依據她的說法：「對一個真正的女人而言，女性的本質就是英雄崇拜——尋找男人的慾望」。即便是她發現了小情人的不忠絕然了斷，但他在自己的心目中是抹去不了的，畢竟他的出現，成了她走向下一個里程碑的動力，也就是為什麼在最後的演講臺上，她會恍惚地看到小情人在觀眾席坐著呢。

她情人的前妻芭芭拉・勃蘭登後來在《蘭德的激情》一書中回憶當初她丈夫和蘭德相處的場景，指稱蘭德經常辱罵並指責他，蘭德還曾經這樣罵道：「如果你心中真還存有任何一點點的道德、任何一點點的心理健康—那麼我保證你接下來二十年都會陽痿！如果你那話兒還能逞半點雄風的話，你就會知道那代表你的道德還要更糟！」看來她是頗有恨鐵不成鋼的無奈。

應該說，這部電影很好地演繹了蘭德的哲學思想，新個人主義。女性，家庭總理，必須以精緻優雅來裝備自己，多看書、多提問、多思考、多修煉，要有自己的空間想法和行動力，我們不需要做到人見人愛，但必須自己愛自己，愛生活。只有自己活的滋潤，才能潤滑全家的各個關節，推動小日子快樂向前。

自我學習和集體交流，是我們聶家的文化，所以我會熱衷。差不多一百年前，為了聶氏家族「聯絡感情、切磋道義，在崇德老人的帶領下，聶家已經有家庭聚會的習慣了。集會命名「家庭集會」、定期在每星期日下午二時半、地點是遼陽路崇德堂宅、甚至還規定了職員「設幹事一人，記錄會議言辭，執行議定事件」與議事規則等。聶家歷次家庭集會記錄表明，這種集會規模多在二三十人，不僅與會眾人熱烈發言，崇德老人更是必然告諭。且有時還有集體唱誦詩歌以表「歌詩習禮」之意。

聶家還不斷致力出版聶、曾兩家先德祖述家訓之言，和宣揚有為家庭教育而創辦《聶氏家言旬刊》（曾用名還有《家聲》、《聶氏家語》等）這樣稀奇的文化產物，被歷史學者秦燕春認為此舉，確也只能發生在二十世紀前期的上海，更只能發生在這聶、曾聯姻所形成的特有的「雙料家族文化」的氛圍之中。在《家聲選刊》一九二五年付有正書局出版時、近代報刊研究權威戈公振所做的「序」中，大為讚賞，評價極高：「聶氏一姓之定期刊物」，宗旨在聯絡家庭之情感，而切磋其道義，這一形式更是「在吾國為創見，即在歐美新聞事業發達之國，亦未之前聞。」

崇德老人語錄：

男治外，女治內，主婦不宜干預丈夫之事。若或丈夫在外嫖賭浪費，不務正業，甚至漸耗家資，於此而不先為苦諫，受害將有不可勝言。既當竭力勸阻，不聽，亦必設法攔，絕不宜強為容忍，自命為性格溫柔。

女性，為他人溫柔恭謙讓，並不是失去自我，也不應該為了討好而無原則的息事寧人。

第八章
好家教保後代優秀

最近，研究文正公二十多年的成曉軍教授寫了篇關於家訓的文章，從歷史社會角度了分析大家族的家規對子孫的重要性。他說：

歷代教育家、思想家和政治家們，清醒認識到家庭教育對於育化良好家風，對於陶冶、培養有用人才的必要性和重要性：一個人要步入社會並成為能處理好人際關係的人，首先應做到從小就在家庭和家族內部學會做人、學會做好人；一個人步入社會並且成為主政一方甚至輔佐君王的官員，首先應做到從小就在家庭和家族內部受到人格、學識、才能方面的薰陶、鍾鍊；……

魏晉以降，眾多有影響的世家大族的出現，即是對這種社會價值觀追求和踐履的結果。並且，這種文化傳統不絕如縷，生生不息，直至晚清和中華民國時期，仍然薪火相傳。如被人們幾乎一致公認的具有良好家風的曾國藩家族，之所以堪稱為近百年中國歷史上最具影響力的第一世家，就在於曾國藩獨特的家庭教育理論和方法，在育化良好家風的過程中產生了重要作用的緣故，就在於曾氏子孫後代對其傳承弘揚和發展創新的緣故。[2]

而另一位曾文化的研究者胡衛平認為崇德老人是曾文正公《功課單》忠實的傳承人，他指出曾紀芬曾在《崇德老人自訂年譜・同治七年》中記述：

戊辰　同治七年　十七歲

是年三月由湘東下至江寧。二十八日，入居新督署。五月二十四日，文正公為餘輩定功課單如下：

早飯後，做小菜點心酒醬之類，食事；巳午刻，紡花或績麻，衣事；中飯後，做針黹刺繡之類，細工；酉刻（過二更後），做男鞋女鞋或縫衣，粗工。

吾家男子於看讀寫作四字缺一不可，婦女於衣食粗細四字缺一不可。吾已教訓數年，總未做出一定規矩。自後每日立定功課，吾親自驗功。食事則每日驗一次，衣事則三日驗

[2] 摘自成曉軍教授為我即將在人民出版社出版的《齊家之鑰—曾國藩之女曾紀芬的治家哲學》一書寫的序。

一次，紡者驗線子，績者驗鵝蛋，細工則五日驗一次，粗工則每月驗一次。每月須做成男鞋一雙，女鞋不驗。

上驗功課單諭兒婦侄婦滿女知之，甥婦到日亦照此遵行。

同治七年五月二十四日

家勤則興，人勤則健，能勤能儉，永不貧賤。

曾國藩對家中婦女所定的「功課單」是衣、食、粗、細四字缺一不可，並特別註明瞭「滿女」知之。「滿女」即曾國藩最小之女兒曾紀芬，她是這份「功課單」最忠實的傳承人。

衣、食、粗、細四事，曾紀芬回憶說：

予等紡紗績麻，縫紝烹調，日有定課，幾無暇刻，先公親自驗功。昔時婦女鞋襪，無論貧富，率皆自製。予等兼須為吾父及諸兄製履，以為功課。紡紗之工，予至四十餘歲，隨先外子居臬署時猶常為之。後則改用機器縫衣，三十年來，此機常置座房，今八十一歲矣，猶以女紅為樂，皆少時所受訓練之益也。

曾紀芬到了晚年，「猶以女紅為樂，皆少時所受訓練之益也」。可見曾國藩家教抓住了幼少時期，故而終身受益。

猶以女紅為樂，皆少時所受訓練之益也，這句話可以說已經傳到我們這一代，很喜歡女紅，也就是今天人們口中的針線活，恰恰是奶奶從小訓練我們的成果。

「相習成風」，崇德老人把文正公的教導用於行動，並傳播至衡山聶家。她自奉儉約，即使後來年紀大了，每次慶賀壽辰，子女想送些珍貴的禮物來，必定會遭到她的阻止。崇德老人從不放鬆對子女的教育，即使是已經成年的子女，仍隨時取提面命，管束甚嚴，從不疏忽。她說：「教導兒女要在不求小就而求大成，當從大處著想，不可驕愛過甚。尤在父母誌趣高明，切實提攜，使子女力爭上進，才能使子女他日成為社會上大有作為的人。」

宣統三年（一九一一年），曾祖父仲芳公因病在長沙逝世，朝廷「誥授光祿大夫特旨旌獎頭品頂戴兵部侍郎都察院副都禦史」，「著加恩照巡撫例賜恤」，清史稿宣統三年準其列入國史孝友傳」，「賜祭葬如例」，朝廷誥封曾祖母為一品夫人。

曾祖父母有八個兒子，四個女兒。非常注重教育的聶家，除了長子聶其賓早逝，二子聶其昌一九〇三年到北京皇宮保和殿參加過經濟特科考試，是清末朝廷急需羅致洋務運動人才而增添一種與傳統科舉同等的國家考試制度，錄取的人才，與進士體制和階位等同。聶其昌被錄取二甲，以後為洋務運動做了很多重要工作。

三子聶其杰一八九三年回湖南參加科舉鄉試，考得秀才。後領母命隨江南製造局的外國顧問學習了英語，走上宏揚科技振興實業之路。一九〇五年（二十五歲）接手管理當時家族參股的一個瀕臨倒閉技術落後的紡織小廠「華新紡織新局」，經過三年努力扭虧為盈，一九〇八年集資買下外股成為聶家獨資公司「恒豐紡織新局」。在恒豐廠的經營管理上著力創新，引進國外先進設備，擴大廠房，率先將老式的蒸汽機動力改為電力馬達，在質量和產量上都大為提高。不到六年恒豐廠成為全國有名的大廠。他一九二年當選為上海總商會會長。聶其杰一貫重視推進社會教育事業，在恒豐廠開辦數期訓練班，請外國工程師講授，提高技術水平。選派多名技術人員去英美國深造，後多成為新中國紡織界的中堅骨幹。他曾任復旦大學校董，和中西，啟明和啟秀三女校的顧問，推進婦女現代教育和提倡職業教育，一九一七年與黃炎培發起成立中華職業教育社。他始終不忘社會公益事業，反對奢靡的社會風尚，他撰寫《保富法》，勸人散財佈施，在《申報》上連載，曾引起上海灘轟動。

老四聶其煒，曾留學日本，在安徽省都督孫多森兼中國銀行總裁時邀請聶其煒出任副總裁協理、中孚銀行天津分行經理，曾無畏袁世凱的勢力，寧可被辭也拒不執行對方無理要求以保障銀行利益。在任內抗拒袁大總統（世凱）違反中國銀行董事會章程的要求的撥款。被逼離職。孫多森又創辦了中孚銀行（一九一一年），自任總經理，亦請聶管臣出任協理，該行總部設在天津。

老六聶其焜是恒豐紗廠中期的總經理，曾積極參加湖南長沙湘雅醫學院的籌建，並擔任湘雅醫學院的校董，為培養湖南醫學人才，發展湖南醫療事業作出了重大貢獻；老七聶其賢將軍，聶家兄弟唯一的武士，清末民初湖南武軍司令官，省防守備隊司令官；老十聶其焌更是帶家眷留學哥倫比亞大學，是著名的仁社創辦人之一，回國後曾任廣州統稅局副局長。

最小的兒子其焌，一生在自家的廠裡效力，善待之職員工人，直至今年，高壽九十多歲的當年恒豐紗廠的員工，遠從澳洲雪梨讓自己的小輩從網上找到其熜的後代，只為說聲謝謝；他樂善好施，幫助鄰居貧困的鄰里街道上的孩子；對京劇藝術有非常精湛的造詣，為名票友，扶助了許多上海戲曲學校的正字輩的學藝孩子，中國京劇藝術教育史上第一位女教授，獲得京劇藝術家終身成就獎張正芳表演藝術家至今對自己幼時得到其熜給與的資助照顧及家庭溫馨感恩不忘。

女兒們也都是精通詩文，知書達理。五姐聶其德在一九一〇年正月與被梁啟超先生盛讚的文武雙全的詞清末進士將軍，南軍事廳廳長、約法會議議員、廣西省長，張其鍠結婚時已經二十五歲了。過了一個月，十九歲的八妹聶其純也出嫁了。夫君卓宣謀是福建閩侯人，原實業部參事；同年十二月，年方十七歲的九妹聶其璞，也在長沙與清朝軍機大臣瞿鴻禨的兒子，近代史學家、文學家、畫家。歷任國史編纂處處長、印鑄局局長，南開大學、燕京大學教授瞿宣穎舉行婚禮。一九二三年五月，還能講一口流利英文的最小妹妹聶其璧二十三歲時在上海與後來成為中國著名的科學家，中科院華東分院副院長，上海冶金研究所所長，上海矽酸鹽研究所所長，上海科技大學校長，中央研究院院士，中科院學部委員周仁先生結婚。舉行了西式婚禮，聶家請了宋美齡作女方儐相，在婚禮照片中，聶其璧的右手邊是宋美齡。

曾祖父去世以後，曾祖母崇德老人就成為聶家的家長。從聶家成員的情況看來，聶家是一家人數眾多的大家庭，這個大家庭一直維持到一九一八年才分家。在此之前，各房兒子家庭的開支都由聶崇德堂，也是曾祖母統一掌握。分家之後，她依然是家庭崇敬的一家之主，而且還是維繫家庭情感的精神領袖。此後，聶家往興旺路上行走的腳步並未停下。

歐戰結束後，聶家除積極經營湖南的種福垸土地以外，還在長沙設立協豐糧棧，專營食米的堆存和買賣；在上海開設一家恒大紗號，作為當時紗布交易所經紀人，經營紗布交易並代客買賣；在丈夫逝世十六年之久那年，在上海經歷過兩次買地蓋屋搬家之後，崇德老人的年譜是有如此記載：七十五歲（一九二六年）八月二十八日遷居遼陽路新宅。此時作為恒豐獨資經營者的聶家已成為上海商場中有名望的家族。此外又以聶家資本為中心創辦一家規模很大的在當時負有盛名的大中華紗廠；又投資中國鐵工廠、華豐紗廠和中美貿易公司等事業。

辛亥革命前後的幾十年間，被外界認為是聶家最為興旺發達的一段時期。不能不承認，崇德老人的家政理念：「修身－齊家，治國－平天下」為聶家的順暢護航。

讓人就是勝人

樹大遭風，曾祖父仲芳公遭人妒忌陷害後，朝廷派出福州將軍崇善專程調查。有回稟朝廷調查結果的奏摺，二次清庭用滿人查詢仲芳公被參的事都得清白，該奏摺至今存放在故宮博物館內。至此，仲芳公看清了官場的黑暗，正逢母親病恙，他辭官回鄉伴母左右，在母逝世時後不久，緊隨而去。生前留下充滿了濃濃愛意的告誡：聶家子孫再也不要做官。縱觀聶家後世子孫，均為教育、科技、文化界的專業人士，無人做官。

如果說，先祖以親身經歷代價而得出的這句處世警言，使得子孫們在世態炎涼的社會均以這句話時時提醒自己，保護了自己。那崇德老人「讓人就是勝人」，在連綿不斷的風起雲湧年代，給了我們無窮的定力。

崇德老人她親手寫下「讓人就是勝人」的警句，特別交代給十奶奶和各位媳婦女眷。十奶奶是李鴻章的姪女，李翰章的親閨女，她是這句話家訓最好的傳承者，想來她肯定在自己婆婆的這句話裡，受到了非常得益處，否則不會在婆婆去世後的三十年間，在自己閨房裡懸掛著婆婆慈愛的形象的照片，直到自己也撒手陽間追尋她去了極樂世界。

當年大家閨秀李家小姐嫁到我們聶家成了我的十奶奶。恪守婦道跟隨十爺爺去美國哥倫比亞大學留學，還生下一對美國小公民在內的八個孩子。至今哥倫比亞大學的學生名冊還有我十爺爺的名字。當年在美國出生但二月後就離開美國堂伯，在七十年後首次踏足美國，受到了美國公民的待遇，關口移民局官員一句「歡迎回到美國」把他感動地熱淚盈眶。

不過當年從美國回國後不久，十爺爺被一位叫唐小姐的女子擄去了心，再也沒和十奶奶一起過日子過不算，還離開了家庭和孩子，頗不符合當年納妾的文化，沒人說出原因，不過始終唐小姐也從無和聶家人一起生活過，看得出老太太的立場。十爺爺因龐大開支欠下巨債，他在聶家花園的家遭到封門，這叫一個女人家怎麼生活下去。崇德老人讓她帶著孩子回長沙，那兒有房鄉下還有田，於是，三寸金蓮的她帶著最大十多歲最小才幾歲的八個孩子回到了長沙住在祖屋。把孩子們都送進學校，生活倒也不愁。日本鬼子兩次攻進長沙，她帶著孩子又逃到洞庭湖畔的種福垸自己鄉下，又遭遇了大火，燒毀了好多箱值錢的衣物。後來又逃到重慶住了幾年，直到抗戰勝利後才回到了上海。一直住到九十三歲無疾而終。

她從未在兒女面前埋怨過十爺爺，身為安徽人的她，倒是說得一口長沙話，在她的臥房裡，也一直掛著婆婆崇德老人的照片！

曾經有次，十爺爺回家，對她說唐小姐就在樓下，讓她去接一下，十奶奶沒有激動，只是淡淡地回答：她要上來就上來，我是不會下樓的。文革中，十奶奶也被批鬥，她不解地問自己的孩子們：當年不是他們哭著求著要進我們恒豐紗廠做工，怎麼這會說是我們要去剝削了？十奶奶開心的時候，例如和家人喝了點小酒，就會把自己的三寸金蓮繡花鞋當繡球那洋和孩子們拋來拋去玩。

她在晚年的時候，總是乾乾淨淨的自理，連鋪床都是自己做，我還保留著和她的合影，太珍貴了。十奶奶是遵守聶家文化太婆崇德老人親自寫下的讓人就是勝利的楷模，她無疾而終的生命更是我極其要效仿的榜樣。

聽十房堂姐崇偉說，小時候，她奶奶就經常用這句話教育他們小孩子，人多吃點虧不是壞事。崇偉的爸爸光達伯伯開追掉會時，她弟弟聶楊在悼詞中，也感謝父親把這句家訓傳給他們年輕一輩，是父親留下了最好的精神遺產。

人家兄弟不和，多由婦人暗中刁弄，吵分家業，遂致手足成讎，殊非正道，主婦所當破除此弊，妯娌和睦，使之兄弟同心，興家創業，兄弟不和，易招人侮，蓋乘其親身無助也，此等弊病，丈夫最易聳動，全在婦人知醒，斯為幸福，即欲分家，亦宜推多取少，切不可錙銖必較，不肯吃虧，要知明中吃虧，暗中自佔便宜，天理固不負人也。

華人最糟糕的文化可能就是婆媳文化了，不過在我們聶家婆媳卻可以保持最好的關係。再講個七奶奶的故事。

七奶奶我沒見過，我的奶奶在世時經常提起七嫂好人。奶奶是廣東連平縣人，嫁到聶家後，是七奶奶教她湖南的風俗和規矩，另外她和我爺爺結婚時，湖南過繼母親來主持大婚，曾祖母安排她住七奶奶處的。七爺爺聶其賢是聶家唯一的武生，清末湖南武軍司令官、省防守備隊司令官，一九〇八年娶浙江杭嘉湖道陳乃翰的女兒陳守棣，也就是七奶奶。七爺爺早逝，七奶奶二十四歲就守寡，把三男一女都培養大學畢業，教會大學聖約翰，她六十四歲仙逝，獨身四十年。據說六爺爺，當時他已是主管家裡紗廠總的經理，居然跪在她靈堂上大哭。七奶奶一生以聶家七太太為豪，即便是不認識的湖南鄉下佃農來上海要錢，只要叫得出七太太，即便是她手邊沒什麼錢，她也會讓傭人馬上去當了首飾換了錢給人，連宋美齡有次在廬山碰到七奶奶，都下轎子和七奶奶打招呼：七太太好嗎？

大戶人家也難免有令人委屈的規矩，雖然她排行第七，但因為是寡婦，每年拜祭之類的大事，她卻要排在最後。七奶奶雖為一介女流，但處事機智大方得體。從聶家花園逃亡出來後，也換了幾個地方住。一九四六年，她終於在江蘇路安定了下來，正巧，大女兒蓮姑媽的大兒子十周歲，小兒子恆伯伯的大女兒崇慧一周歲，她一時高興就為這兩個孩子大辦了生日會，規模之大，連俞大維，我們上一輩稱為俞四哥，也帶著一隊兵來參加了。但生日會剛過去兩天，家裡就被強盜搶了。家裡人包括傭人都被強盜綁起來了，強盜押著她拿著鑰匙去找錢，好在她早有防備，家裡的抽屜都有暗格，在去找錢的過程中，又暗自轉移了一些錢，所以當媳婦為失財而急哭時，她一口安慰：你們所有的損失由我負責。盡顯豪邁擔當的個性。

七奶奶是虔誠的基督徒，善行是她一生奉行的。有次小孫女告訴她，同學的家傭批發了一些文具出售，她馬上拿出一些錢要孫女去買，並鄭重地告知：這是做善事。

小時候，奶奶幾乎頻繁地對我善誘，做人要忍耐，有以前的故事，有做人的道理，很多很多，我都沒有記住，但從讓人就是勝人轉成的「忍讓」，留下了深刻的烙印。記得我在自己的一本著作中寫過對奶奶的印象：奶奶做人第一是忍讓第二忍讓第三還是忍讓。大了才知道，忍不是退更不是輸，深層的意思是勝人。人到中年，對於曾祖母崇德老人「天理固不負人也」的說法，尤其體會巨深。

我們對「讓人就是勝人」最好的用處，倒不是在自己的家中生活，而是在社會生存法上。

話說我們位於虹口的公館被日本人霸佔後，聶家人被散至各處，崇德老人和三爺爺一家去了安福路住了幾年，然後搬去現在的南京西路，直到她老人家過世。而我爺爺帶著全家輾轉至上海常熟路一條弄堂，用了七十兩黃金，頂下了其中三層樓一棟。當時不興什麼簽約或契約，頂下來房產就是妳的了。常熟路那片六排弄堂建立於一九三九年，是介乎於石庫門弄堂和花園洋房之間的新式建築，統稱榮康別墅。用今天的話來說，就是連體別墅，十棟是一排，弄堂自然形成。底層是客堂間和吃飯間，後面是廚房，還有小洗手間，起居室有門通向朝南小花園的前門，朝北的廚房和樓底各有一門。朝南的二樓三樓各有兩個臥室，三件套的大浴室，所謂的洗臉盆，抽水馬桶和浴缸的組合。上海灘就是喜歡用上只角和下只角的來劃分區域等級，其中上只角就是榮康別墅那種帶抽水馬桶陽臺落地玻璃鋼窗的、設備的住宅的區域了。最初弄堂裡的居民很少，每棟一戶，我們家還能在弄堂裡停汽車，還有一輛自用的黃包車。

中共建政後，無論多少金條抵押的房子，都歸政府的房管所擁有，住在裡面的人都要付租金。房子歸了公家，當然要配合政府安排，解放後居住面積在人均三平房米不到就算困難戶，家裡面積多點的，就會被勸說騰出一間兩間讓給困難戶居住，我爺爺是主動把樓下客堂間給了鄰居退伍回家的孩子。

到了文革，人心激進，看不慣房管所慢悠悠的工作態度，紛紛自己行動，看到哪地段哪棟哪層自己喜歡的房間，就直接搬進去住了。結果，爺爺住的三樓大房間和二樓大房間都被搶走了。二樓朝南大房間，是爸爸媽媽結婚的房間，記憶裡，還是有同爸爸姆媽一起在這房間的記憶的。最不開心的是媽媽一九六二年去了香港後一直沒能回來，有過幾次在夢中見到媽媽，很清楚地知道那是夢，總會對自己說。別醒別醒，醒了媽媽就要不在的，結果沒用，還是醒了。

我們全家的直系親屬團聚申請了二十多年，一直不被派出所批準，媽媽走的那年我四歲，等再見到媽媽，我的兒子差不多也四歲了。媽媽要在港賺錢養家，不能回家，因爸爸為了躲避單位各類運動的無理取鬧，只能辭職在家。

爸爸老是在那裡給我和姐姐講故事，《天方夜譚》，還記得是深紅色硬皮封面的書。那時有兩個小沙發，中間有張小茶几，有張照片，拍得就是，姐姐和爸爸各坐一張沙發，而我則坐在爸爸身邊的小板凳上。

房間裡，有大床，大櫃，寫字臺，在那張寫字臺上，寫了很多信給姆媽，當然是在爸爸的督促下。差點忘記說了，我就在這間房出生的，因為我是二胎，媽媽是家庭婦女，政策不允許她去醫院生孩子。據說我一出生，爺爺馬上從三樓下來看小寶寶，當時眼睛就卜瞪卜瞪，想必這種說法是有水份在裡面，但也無法去驗證了，爺爺走了。

這間房印象最深刻的有兩個場景。一是冬天會在房間裡裝火爐，是由煙囪管道排出去的，爐子有爐門，有時候大人拉開門加碳的時候，通紅通紅的火燒得很旺的。爐子上面總是有個燒水的壺，而且水總是開的，於是，壺的蓋子在那兒卜瞪卜瞪跳，這時水蒸氣蔓延在整個房間裡，父親告訴我們小朋友，如果沒有水蒸氣，人會感到乾燥而不舒服的。

還有個場景，就是和姐姐在房間裡搭起帳篷，用落地窗簾拉起來，把沙發凳子拼起來，做各自的城堡。那時在沙發上跳跳，白相得老開心額。

大房間一直住到六孏生孩子，父親把房間讓出來給小毛頭和媽媽坐月子。那是一九六六年夏天了。

不過小毛頭和她媽媽也沒有住了多少年大房間，就流行搶房子，就是出身好的人，造反派之類，只要看上哪個資本家的房子，就可以搬進去住的，好像也不用辦什麼手續。大房間就這樣被一家姓王的造反派頭頭帶著家人搶去的。他們家一家六口，很會生的，兩兒兩女多福氣，他們夫妻倆個，以後大家熟絡了就叫他們王家伯伯王家姆媽。

我每次去上海，都要去榮康別墅看看，我的出生地就是那掛拖把陽臺落地窗裡面，估計王家很喜歡這間房間，一直沒有搬走過。

十多年前從香港帶朋友還去參觀過，因為鄰里關係不錯，所以被准許進房間裡面張望，那時王家女兒們和一個兒子都住到外面去了，但是小兒子一家三口和兩位老人一起住，三代同堂，熱熱鬧鬧，他們把二十四平方米的房間間隔的很合理得體的，當然房頂是不可能封的。當時兩位香港朋友很驚異地問，他們搶了妳們的房子，妳還和他們說話？那又怎麼樣，此地不留人，總有留人處嘛；人家歡喜，拿去了，就拿去吧，大不了再找地方，再去開發新生活罷了。

今年，我重返上海，有機會再踏入那朝南大房間，王家小兒子夫婦熱情接待，他們的居住條件也好了，又買下樓下我們以前的客堂間，王家伯伯王家姆媽已經都過世了。

匹婦有責

時處日本軍國主義侵略中華民族，為鞏固國防，崇德老人在《廉儉救國論》論說：

然近今社會，女子左右風尚之力，較男子尤大；其責任亦重要，故吾尤望我女界能先見及此，妻勵其夫，母誡其子，姊妹勸其兄弟，咸犧牲個人之欲望，群策群力，以廉救國，以儉拯民，以不欺安群而和眾。期以五年，國防固矣。夫國防者，非可專恃堅壘深壕利器而已也。管子曰：「禮義廉恥，國之四維，四維不張，國乃滅亡。」孟子所謂城高池深，兵堅甲利，委而去之者，四維不張故也。先文正公曰：「無兵不足深憂，無餉不足痛哭，獨舉目斯世，求壹攘利不先，赴義恐後，忠憤耿耿者，不可亟得，斯其可為浩嘆者也。」

「女子左右風尚之力，較男子尤大」。我們回憶抗日戰爭之中，「妻勵其夫，母誡其子，姊妹勸其兄弟，咸犧牲個人之欲望，群策群力，以廉救國，以儉拯民，以不欺安群而和眾。期以五年，國防固矣。」

胡漢平先生對崇德老人這一著作，大為讚賞，他指出：

正因為中華民族偉大的女性、母親，不僅親自參加血戰疆場的戰鬥，還承擔了數千萬個家庭辛勤耕作、養育兒女的重任，忍受人間之一切痛苦，犧牲了個人的一切利益。女性在前方，在敵我交戰之區，既血灑疆場；在後方又節衣縮食，還要忍受肉體上、精神上的摧殘折磨。正因為「匹夫」與「匹婦」的共同努力，在偉大的民族革命戰爭中，才迎來了抗戰的勝利。偉大的女性，我們的母親，她們身上所承擔的責任，難道比「匹夫」輕嗎？因此，曾紀芬的「匹婦尤有責焉」是對顧亭林「國家興亡，匹夫有責」的重要完善、詮註。

管子、孟子的所謂「四維」，即「禮、義、廉、恥」。「四維不張，國乃滅亡」。曾紀芬繼承了中華民族優良的傳統文化中精華思想，對孟子的「兵堅甲利，委而去之者，四維故不張也」，實際上是對「兵堅甲利」的「硬體」必須具備，又是在思想上一民族必須具備「禮、義、廉、恥」的靈魂「軟體」。用我們今天的話來說，即「硬體」與「軟體」的關係問題，即「物質文明」與「精神文明」是同等重要的一個重要的詮註。

曾紀芬還引用了曾國藩所說的：「無兵不足深憂，無餉不足痛哭，獨舉目斯世，求壹攘利不先，赴義恐後，忠憤耿耿者，不可亟得，斯其可為浩嘆者也。」曾國藩的這段話，說的是要樹禮、義、廉、恥之風，兵、餉不足大不必去憂慮、痛苦，只要能生出社會一股正氣，團結壹班攘利不先、赴義恐後、忠憤耿耿者的人，就能浩氣長存。

崇德老人引經據典，宣傳其父曾文正公的家教思想，在曾氏家族、衡山聶家，乃至在全國抗日中的宣傳中號召民眾，她不愧曾氏家族家教中的女傳人中之楷模，令人敬佩。在她的影響下，聶家的閨女媳婦們都非常有擔當。國內很出名大家族故事的作家宋路霞曾出過本《上海灘的大家閨秀》，首篇故事就寫了我四姑奶奶聶其璧：

聶其璧從小聰明伶俐而且膽大包天，在教會學校讀書後學得一口流利的英語，並結交了許多上海灘上的洋朋友，喜歡出入社交場合，哪裡熱鬧哪裡去。那時聶家家規很嚴，晚上女孩子不許出大門，為此其母曾紀芬還特地關照傭人，看好四小姐，莫讓其出大門。可是四小姐不管這一套，晚上照樣出去，大門出不去就爬窗子，從氣窗裡跳出去，其性格簡直像個男孩子。抗戰時，周仁先生主持的中央工程研究所要內遷，大量的儀器設備和書刊資料堆在火車站一下子運不走。火車站裡亂極了，軍人和難民鋪天蓋地，誰也不來理會這些書生。聶其璧知道後立即挺身而出，找當局，找站長，東一個電話西一個電話，不多時就被她搞定了，車站調來了當時非常吃緊的幾個火車車廂，很快就把東西全運走了，研究院同事和周仁真是謝天謝地，夫人幫忙過了難關。

在聶家家風的薰陶下，聶家的媳婦也是以國家為己任，非常有擔當。

二〇〇八年的六月八日，我曾在美國《星島日報》的專欄裡發表了「一百歲」的文章。俗語說：人生七十古來稀。這句話在今天可能要改為：七十不稀奇，九十古來稀！但是要想做到另一句：長命百歲，那可謂人生之奇跡了。終於在我們聶家有奇跡出現，今年我的堂伯媽夏蟠壽女士一百歲的大慶，生日慶典就定在六月初。當我們都興高采烈地等著這一天好好慶祝的時候，她老人家卻宣布取消了生日會，原因是國家大難當前，怎麼還可以考慮個人！

我不由想起她的丈夫，我的堂伯父聶光墀生前的壯舉。一九二五年上海的五卅運動發生的當天，英國巡捕竟向遊行隊伍開炮，當場死傷數十人，參加示威的聶光墀，帶著滿身的血，乘車回到了母校聖約翰大學，講述南京路上的慘案情況，鼓動師生們前往聲援，引起了校長美國人卜舫濟的不滿，他以聶光墀已不是約大的學生了為由，下令趕他出去。

聶光墀不吃這一套，跟他大聲辯論起來，周圍的學生義憤填膺，紛紛說明聶光墀來責問卜舫濟。一些愛國教師也出來站在了學生一邊，最後形成了約大數百名學生集體退學，幾十名教師集體辭職的波瀾壯闊的鬥爭局面，導致了光華大學的誕生。

可惜這位留英回國報效祖國的上海交通大學的教授，中國熱力發電和蒸汽透平工程界的知名學者，在文革中被打成牛鬼蛇神，遭到迫害，致使心臟病猝發，含冤長逝。

伯母畢業於滬江大學，是一位真正的賢妻良母，文革時和丈夫一齊被掃地出門，從淮海西路的華盛頓高級公寓被逼搬到了爛泥地的棚戶區居住，在那生活十多年，她為人善良，包容，經歷了喪夫之痛，癌症的威脅，還是健康地活了下來。老太太除了有點耳背，身子骨硬朗著呢，她思路特敏捷，和她多年來保持閱讀的習慣有關。她喜歡看英文版小說，兩年前我爸來美探親，還受託帶了英文版的《讀者文摘》給她。

老人家關心國內外的時事，大小新聞無一漏網，這次四川汶川大地震，她深感悲痛，以至不想慶祝自己人生的這麼重要的時刻，在這，我遙祝她老人家福如東海，壽比南山，也把老一輩愛國忘己的精神牢牢地記在心裡。

教育的擔待

聶家十分注重教育，以定表姐對自己的祖母，也是我的八姑奶奶卓聶其純的一段回憶，尤其是晚年的那段令人留淚，可以看到，聶家的小姐如何把自己的家訓帶到了外家，並發揚光大。

八姑奶奶卓聶其純，因為中年之後，環境突變，一九五〇年從上海，帶著外孫，千辛萬苦由香港來到美國。

在臺北，和她的晚輩俞大維、曾約農、曾寶蓀時相往來。以定表姐在臺時，常常聽到俞大維，曾約農對她的讚美，「八姨媽是民國初年以來的才女」！

因為坎坷多元環境，磨練出八姑奶奶的語言才能。她熟諳北京，湖南，福州，上海，臺灣，後來的英語。到了臺北，過了六七年舒服日子，又跟著七姑湘來（姑夫李孟萍擔任洛杉磯總領事），她在領事館不單是幫忙接電話留言的秘書工作。又精於工筆繪畫，書法，寫詩，裱字畫等等。

她沒有一天不鞭策自己努力，勤奮。對上下的人都要誠懇，助人，知足。她更是常常鼓勵孫女，現代女子無才不是德，定要努力向學，和男子一般平等。

以定表姐回憶道：

我的祖母晚年，身體開始衰弱，有一陣子我們有機會想將她從加州搬來德州奉養。但是她老人家早已近九十歲，行動不便而作罷。

我常常打長途電話給她，那是七〇年代，長途電話費用很為昂貴。我當時是兩個女兒大到進託兒所之後，再度去德州大學攻讀博士。記得很清楚在她生前和她老人家打的最後一個電話時。我一叫她奶奶，她一時恍神叫了我小姑姑（源來）的小名「元寶」。我說我是「以定」啊！

她後面說的幾句話，我次次想到都會銘感於心，淚盈滿目。她老人家說「以定，以後就不要再打長途電話了，那多貴啊！而且不值得，因為我老了，連自己的女兒，還是孫女兒一時都聽不清楚了。妳知道妳聽錯了，不會生氣，因為我給妳升級了。可是如果是我女兒聽了，就感到自己的娘都不清楚自己的聲音，是降級了呀。所以以後就別再打電話來了，反正老人就記性差，也記不起來是誰打的。

以定，以後妳想到奶奶時，就只要記得奶奶要妳一生都快樂。有兩個小方法就可以保證一生都會快樂受用。那就是永遠記得要知足常樂，還有永遠記得要幫助他人。記得助人是快樂之本啊！」然後，我這最親愛的祖母，一位勇敢的湖南女性就自己做主地把電話掛斷了。

她的善終也正如她所願，她常常對我說，哪天在社會沒用就得快走，不能拖累親愛的家人！過了一週，她就患了急性腦膜炎，高燒昏迷，在醫院不到一週就安然去世了。沒想到，就在我和她打完電話之後，第二週我就趕飛去加州，代替在臺的父母去參加她老人家的葬禮。

我祖母去世時候，我正在念研究院。在電話之中常和祖母談起，她老人家會鼓勵我繼續努力讀完，千萬不要受「過去女子無才便是德」的傳統影響，其實男女絕對是平等的。所以她的葬禮時，我特地走到她的面前（那是我生平頭次近距離見到親人過去，印象深刻），挨著她的身體，心中默語，請奶奶放心，我剛剛考完博士鑑定考試，一定會在短期拿到學位。我們當時家中環境很清苦，先生放下原有工作，去醫院受住院醫師訓練，拿的是醫院基本工資。兩個女兒（一九六九年和一九七一年誕生），小女兒六歲剛可上小學一年級，兩小孩都是上家正對面的西大學城公立小學（West University Elementary）。可以自己走過去，下課可以自己走回家。所以我才能隻身趕去洛杉磯，參加祖母葬禮三天。我在一九七九年六月拿到博士學位，有相片和文憑可以證明頒發時間，於是以此推論祖母應該是在一九七八年春天時過世的。

我在奶奶走後第二年又考上美國心理醫生執照。這三十年，一直在休士頓有自己診所開業，並且在休士頓家庭輔導中心服務多年，尤其專長婚姻和親子關係。在北美世界日報設有心理專欄，擔任多項華人社區義工和負責休市清寒獎學金十餘年，並且經過北美燃燈慈善基金，用父母的名字在陝西和四川偏遠地區設立兩所小學。閒暇時，是一個得過多項大獎的水彩畫家，二〇〇七年選上全美最佳的百位水彩畫家。也在天津教育，和臺灣的皇冠，遠流出了七本書。

我如果有任何成就和驅使我努力的力量都是來自我的先祖給我的基因和教誨。尤其是我奶奶，她這一生教我最多。她和所有我的所提的長輩一般，不論是從商，從軍，從政，從事教育文化，科學研究，他們教導我的就是一生正直善良，永遠學習，勤勞努力，愛國愛家又愛人，待人以禮，常存大愛心，無私慷慨，平易近人，儉以對己，寬以待人……。

不要以為和平年代需要婦女擔待的重任沒有，我臺北好友華姊的故事就是一個非常好的例子：這是一個極普通的不幸婚姻故事，但是，背後卻有一個堅忍與信守承諾的擔當。我認識華姊源於我和華姊的弟弟是故交，那年，我到臺北開海外華文女作家年會，華姊早早打聽到我抵達時間，我到的時候，她已經候在酒店的大堂裡了，並且很貼心的帶當地的新鮮水果給我品嚐，她說，在眾姊弟之中，她和三弟感情最近，最談得來，三弟的朋友，也就是她的朋友。華姊有著開朗的個性，善於體恤人心的特質，那是我們第一次見面。

在訪問的幾天行程裡，只要我有空餘時間，華姊會請我去吃在地美食，在老街道散步談心，看看附近的老建築，在老建築旁的咖啡廳裡喝下午茶，說說古蹟的老故事。就這樣，和華姊成了很好的朋友。

華姊在律所工作，是一名律師的助理，平時工作忙碌，在幾次的見面裡，她說出了自己的故事。華姊二十二歲結婚，前夫是一個不切實際，好高騖遠的人，剛結婚前幾年前夫工作尚稱穩定，四年裡，華姊生下了一雙兒女，那是華姊擁有最簡單快樂生活的時候。後來，前夫發生了一起過失致死的車禍案件，經過二年的官司纏訟後，法院的判決是，除了保險公司支付的理賠之外，華姊的前夫還必須賠給對方一筆高額的賠償金。

華姊那時才剛剛獨立買下一套新房，前夫就失業了，華姊除了要擔負房屋貸款之外，還必須支付生活費，以及一對子女的教育費，那個數字對當年的華姊一家來說，是一個天大的數目。為了籌措這筆龐大的金額，華姊的前夫提議，發起一個以華姊前夫為會首的民間互助會。華姊出平日待人不錯，同學、朋友知道後，都願意情意相挺紛紛加入，華姊的前夫也找來他自己的弟弟、妹妹加入，互助會順利組成，錢很快就籌到了。

互助會進行了三分之二時間，華姊發現前夫竟想欺騙會員，意圖倒會，華姊迅速通知會員，立即停止互助會，將尚未拿到標款的人之金額列出明細，結算清查，發現尚未標下會款的七位都是華姊的同學、朋友，華姊當機立斷，出面一一向同學、朋友說明情況，請求諒解，並且立下以前夫為還款人，華姊為擔保人的字據，開始了漫長的償債人生。

一年後，債務未了，前夫離開家鄉說要外出工作，從此之後，對華姊一家不聞不問，行蹤飄忽不知去向，更不要說是清償債款的任務了。

龐大的債務、房屋貸款、生活開支外，還有二個孩子的教育費，使得華姊沒有猶豫的權力，她只有勇往直前。華姊慶幸自己有一個穩定又收入很好的工作。兒女們看到媽媽的辛苦與努力，心中清楚明白媽媽為了他們即使在艱苦的處境之中，依然營造一個安定的生活環境，讓他們在無風無雨之中完成學業。一對兒女個個品性優秀，絲毫不讓華姊為他們擔憂，兒子學的雖然是機械，但對於電腦的程式設計分析有專精的研究，女兒更是自幼就品學兼優拿全額獎學金的好學生，華姊在兒女體貼與支持下省吃節用，積極還債。

華姊有一項專業技能，她還是一個擁有服裝設計打版證照的專業技師，於是，透過老朋友徐太太的介紹，為徐太太的朋友所開設的小型成衣工廠製作成衣版，打版的工作可以在工廠內，也可以帶回家去做，於是華姊變成一個身二職的人，早上是律師助理，晚上又是打版師，經常挑燈夜戰趕打版，尤其趕著出貨的時候。那些年十分忙碌，忙得沒有時間哀怨，沒有時間哭泣，每天的生活就像走馬燈一般。華姊從來沒有將為前夫背負龐大債務的事告訴家人，更怕老媽媽為她擔心，她默默的償債，因為她還背負了同學、朋友對她的信任和寬容，她除了感激之外還是感激。

經過整整十年的償債時間，華姊終於還清了所有同學、朋友的債款，在這十年裡發生了許多的事，包括華姊四年前回到學校完成了歷史碩士學位。二個兒女都結婚，有了他們自己幸福的生活，並且都依自己的專長擁有安定的工作，兒子是科技公司裡的程式分析主管，女兒是電腦動畫師，兒女們也各自有了一對兒女。

華姊在女兒大學畢業後，終於找到失聯的前夫，並且簽字離了婚。如今，華姊已經又找到了她的幸福，華姊沒有告訴這個男人，她走過的痛苦和辛苦，她覺得不應該讓這個男人去承擔那樣不愉快的過往，因為那一切都已經過去了，應該用美好的心情迎接未來，這個男人對她百般疼愛，並且愛屋及烏，對華姊的兒孫們更是疼愛有加，出錢出力，從不計較。現在華姊笑口常開，快樂生活，努力讀書，因為她正在享受真正的美好時光。

華姊終是熬過去了，我為她慶幸，華姊常說，幸福的人背後，可能都曾經擁有一段刻骨銘心的淬鍊，我信守承諾完全是為了那些愛我的、我愛的，並且寬容、信任我的好同學、好朋友們所做的堅持。

陳香梅女士說過，時尚女性首先要成為賢妻良母，這裡的賢妻，並不是對丈夫唯唯諾諾毫無主見的女子，而是在危難時刻，能把握家庭的舵手。

聶家對社會最大的供獻是教育

崇德老人語錄：

地方義舉如創興學校，救荒濟貧造橋修路，皆公共之正事，家用足者亦宜量力捐輸。

一九一三年，時任上海商會主席的三爺爺聶雲臺以「東區以工人居多數，應注重職業教育，餘因請於工部局，設金木手工科，欲使學生畢業後有工業上之基本知識，及實際之技術訓練。」的緣故，代表母親曾紀芬和聶家捐出霍山路土地十六畝，請求由公共租界工部局建屋興建學校，這在舊中國、舊上海，從教育的視角看，無疑是一個大膽而切實的舉措。工部局董事會經過討論批準創辦。

一九一六年，校舍建成後，為紀念聶緝槼取名「聶中丞華童公學」。後改名為「緝槼中學」。（NiehChihkuei Public School for Chinese），以表彰曾祖父仲芳公的功德，於一九一六年一月開始招生，二月二十一日正式開學上課，保留國學，引進西學，第一任校長為英國人端納。

一九五一年緝槼中學改名「上海市市東中學」

時至今日，二〇一六年建造的那幢漂亮的緝槼樓至今無恙，已改為行政辦公樓，被上海市楊浦區登記為不可移動文物；近百年來從市東中學中走出的知名人物不知凡幾，有數十位科學院院士，大學教授，將軍等等，部級市級領導，專家大使等百多來人，其中當代上海的地方官就有龔學平、周慕堯、包信寶……還有臺灣的李敖等等。

在《李敖自傳》一書中，李敖驚嘆於當時的校舍，形容為「漂亮、優雅、精緻」、「太貴族了」，更用一個章節專門介紹了在緝槼中學讀書期間的故事。

二〇〇五年九月二十七日，李敖在時隔五十六年後重返市東中學，當場題寫了「見校心喜，聞過則悲。悲欣交集，惟有緝槼」題詞，並贈送給學校《李敖大全集》一套四十冊。[3]

社會對付出者也不會忘懷，當年的公館坐落在遼陽路五十一弄，為崇德老人所見近代中西合璧的別墅與花園洋房式建築，已有九十多年歷史的聶家花園。這座昔日望族名宅西至荊州路、東至遼陽路、南至惠民路、北達霍山路，包括一幢獨立別墅、五幢紅磚洋樓以及一些附屬建築，中間還有曲徑通幽的花園、聶家子弟健身用的網球場等。解放後，花園被拆，改建成工廠廠房；

[3] 摘自市東中學校史及一百周年紀念文章。

原來的別墅、洋樓也都被分配給了幾十戶居民，現今已經登記為上海市楊浦區的「不可移動文物」，被保護了下來。

風雲變化下，聶家家業蕩然無存。雖然不再擁有田地企業，卻沒有因財產被侵而衰敗，聶家子弟個個都有一技之長，人才輩出。崇德老人的精神繼往開來。聶家人還像崇德老人在世時候那樣團結，她的子子孫孫還是那麼注重教育，不論在海外或國內，他們的生活習慣會如此相像，勤儉持家，自食其力，和睦生活，健康快樂，使社會對聶家出來的人有大家風範的印象，謙讓，誠實，勤奮。

後記

崇德老人在清朝年間出版的《聶氏重編家政學》包含了倫理學、生理學、人口學、優生學、遺傳學、營養學、服裝學、住宅學、保育學、康樂學、人才學、社會學、美學、工藝學、心理學、災難應對等。洋洋大觀，也絲絲入扣，也就是現代大學開設的家政學系的全部內涵；因時代的變遷我們需要有所選擇內容，但治家精神則是不容改變！

早有史學家沈雲龍先生高度評價崇德老人：「崇德老人對於家族訓誡的認同，而其生命的階段進展中，又糾纏了社會劇變，進而與其婦女的身分角色發生衝突與必須面對的取捨，凡此種種又如絲線綴補般，形構出屬於『曾紀芬認同的』女性形象。」我認為，就是崇德老人倡導的女性總理形象吧。

感謝美國哥倫比亞大學東亞圖書館的程健館長，和他的堂兄北京國家圖書館的程真二位先生，他們二位是我取到全本《聶氏重編家政學》原作的關鍵。

和曾祖母合寫的這本書，不是我個人，而是聶氏崇字輩的集體力量。感謝崇泗哥、崇實姐、崇慧姐以及崇偉姐口述，崇慧姐常糾正拼音上的錯誤。崇嘉哥整理出曾祖父的資料，崇鎰哥文字的輸出補充多番地校對，崇永哥也加入；尤其是八姑奶奶聶其純的孫女以定表姐的賜文，補充了在臺灣聶氏後人的故事，她和我相遇在海外華文女作家協會的年刊上，那時，距離八姑奶奶全家告別上海了無音訊後，已經過了幾十年。

感謝家鄉人的熱情，是我創作的動力源泉。從美國來到了曾文公的故居富厚堂。帶我去的一位是未曾見過面的網友老鄉彭志，自願開車做嚮導陪同前往，他一直鍾情湖湘文化和鄉村歷史建築，用業餘時間全力去維護。

感謝早在十多年前就將研究集輯出成《文正公文化遺訓》一書的曾國藩研究會的胡衛平和劉健海二位會長，他們的研究給了我很多靈感。

感謝長期從事中國近代文化教學與研究的惠州學院成曉軍教授，給我寄來了他的評論和供參考的、有關名人家訓名片等他的著作。

感謝湘潭縣楊家橋退休中學老師張篤慶先生，根據掃描本輸入數位檔案初稿，將部分文字改寫成白話文。楊家橋，一個永遠留住我心的地方：我曾太祖母聶氏張太夫人，聶家母系文化的起源人，也是崇德老人的婆婆的長眠之地。也是緣分，我是先從張篤慶先生學生，全國詩詞報社長兼總編劉安定的張太夫人專文中認識他，並跟著他回到了楊家橋尋根，成了他們當地詩社的座上客。從而見識了湖湘文化的遼闊和深厚。

感謝同濟大學阮儀三教授當年的呼籲和召集的楊浦區現場會議，才使聶家花園逃離了被拆遷的命運，在楊浦區領導們的大力支持下，聶家老宅才有機會邁向一百年。在市東中學百年校慶的那天，在聶家花園出生的，二位光字輩成員，九十二歲的光來和八十九歲的光禹都興致勃勃地來到了自己的出生地，並參加了校慶。

感謝「專職記錄城市即將消失和正在湮滅的老建築、弄堂和生活在其中的人和物。」被譽為上海老建築的「救火隊員」的自由攝影師席子。我和他相識於微博，那時候我還在美國，看到了他拍攝當時正在拆遷中的上海聶家花園照片。這次特意請他為此書的出版，去老房子拍了一輯照片。當我從崇德老人臥室推窗向外時，似乎感覺到她老人家在上天給予我了力量。

感謝上海市東中學金輝校長為市東中學的教育做出的不懈努力及一百週年校慶盛邀聶家子弟觀禮。當時，我們只不過捐了十六畝土地，但如今已是占地六十畝，橫跨小學初中高中有數千學生，教舍漂亮，多功能泳池與田徑場一並具有，課外活動和先進教學齊頭並進。如同堂姐崇實說的，看到經過幾代人的努力，祖輩的普教宏願得到發揚光大，我們聶家子弟受到了很好的教育。

一個家族興旺發達的根源對後世子孫立身處世、持家的引導；我深有體會，深受其益，願分享之。

崇彬，二〇一七年二月二十八日於上海

附錄一

聶緝槼簡介

衡陽聶氏家族，自清中葉至民國曾發達數百年之久，算是一個不折不扣的「望族巨家」。而那位以一屆布衣草民之《誡子書》而入《皇清經世文編》的「樂山公」聶繼模，就是這衡山望族的第一位奠基人，並以三代進士、兩代翰林，樂善好施知名遠近。尤為聶亦峰，晚清著名地方官，咸豐二年（一九八二年）的第四十名進士，並被欽點翰林。三年後散館，在廣東石城、新會、南海、岡州、濂江、高涼、梅關等地任知縣，官至高州府知府，候補道員。每到一個地方必定把養廉俸銀捐出來辦地方公益，如辦牛痘局，設育嬰堂，疏浚城河，修橋築路，積穀備荒，獎勵節孝，嚴禁土娼，捐購義地埋葬無主棺骸，訪拏訟棍。在地方官任上判決了不少疑難案件。他的為人，被曾國藩極為看重，函信往來，以愚弟自謙。並看中其兒聶緝槼為自己的女婿。

滿清四大重臣，有三位是聶家的姻親：曾國藩，李鴻章和左宗棠。

按清代的記錄，聶緝槼是衡山縣東鄉（今屬衡東縣）人。生於清咸豐五年（一八五五年）農曆二月初五，去世於清宣統三年（一九一一年）農曆二月初二日，享年五十七歲。

一、聶緝槼的簡要政治經歷

光緒八年（一八八二年），任江南製造局會辦。兩年後，升任總辦（相當於總裁或總經理。製造局是清朝洋務運動領導人曾國藩、李鴻章在上海建立的最早的國營軍工企業，製造兵輪和軍火，也是江南造船廠的前身。）

光緒十六年（一八九〇年）任蘇松太兵備道（因為機構駐上海，俗稱上海道台，相當上海市長，正四品）。

光緒十九年（一八九三年）任浙江按察使（俗稱臬台，主管刑獄，正三品）。

光緒二十二年（一八九三年）任江蘇布政使（俗稱藩台，主管民政，從二品。「從」讀作「縱」，大致是副二品的意思）。

光緒二十五年（一八九六年）調任湖北巡撫兼任兵部侍郎（正二品），尚未及上任，又被任命為江蘇巡撫。當年秋天，奉朝廷命到北京與朝廷聘用的總稅務司赫德會談加稅免厘事務。

光緒二十六年（一八九七年）再度任江蘇巡撫。

光緒二十七年（一八九八年）調任安徽巡撫。

光緒二十九年（一九〇〇年）調任浙江巡撫。

光緒三十一年（一九〇二年）被禦史姚舒以所謂任用私人和擴張銅元局參劾，朝廷令福州將軍崇善查覆，雖據查明沒有問題，但因為被聶緝椝參劾的下屬暗中串通朝廷官員，非置聶緝椝罪名不可，最後以一個所謂「聽信隨員」的罪名，讓聶緝椝「奉旨開缺」，就是停止職務，雖然是一種處分，但是沒有任何法律責任，可見聶緝椝是清白的。（注：有的近代文獻說聶緝椝是「因浙江銅元局舞弊案被革職」，是一種含混不清並容易引起誤解說法。）

宣統三年（一九一一年），聶緝椝因病在長沙逝世，朝廷「誥授光祿大夫特旨旌獎頭品頂戴兵部侍郎都察院副都禦史」，「著加恩照巡撫例賜恤」，「准其列入國史孝友傳」，「賜祭葬如例」，「任內一切處分，悉予開複，……」。（注：。這是恢復聶緝椝的名譽和地位的舉措，可見當初將聶緝椝開缺是錯誤的。）

聶緝椝去世時，其夫人聶曾紀芬當時健在，朝廷誥封為一品夫人。

二、聶緝椝的政績實例

光緒八年至十六年，在江南製造局會辦和總辦任內，主持完成國產的阿姆斯脫郎後膛鋼炮的仿製，製造鋼甲兵輪。光緒十年，由於法越戰爭，為防止法軍進攻上海，聶緝椝協調組織水陸各軍，以水雷在港口佈防；並不斷向前線供應軍火。

光緒十六年在蘇松太兵備道任內，安徽蕪湖發生毀損法國教士墳墓事件，法國索賠鉅款，無理要求割償兩區土地，安徽官員沒有能力辦理此案，朝廷將此案件移交上海，聶緝椝在與法國領事的談判中，堅持「款可償而地不可給」的原則，維護國家領土，取得成功，最終「以捐給二千五百兩（銀子）」結案。

光緒十九年，臺灣前線形勢緊張，這時聶緝槼已經被任命為浙江按察使，臺灣巡撫邵友濂奏請朝廷，請求將聶緝槼暫時留任上海，辦理籌集軍火糧餉運往前線的事務，雖然當時日本軍艦在海上干擾，運輸任務非常艱險，但聶緝槼還是設法將這些軍事物資源源不斷地送達臺灣。

光緒二十年，聶緝槼在上海正忙於辦理向臺灣轉運軍火糧餉，當時浙江形勢吃緊，實行戒嚴，巡撫廖壽豐打電報催促聶緝槼到浙江赴任督辦海防，這時聶緝槼才到浙江履職。

光緒二十一年，朝廷與列強和議成立，蘇杭新開商埠，浙江省奏派聶緝槼督辦通商界務條約。在外交談判中，聶緝槼力爭捕房和管路完全主權，與外國領事簽定十四條章程；但是蘇州方面的談判未成，使聶緝槼的外交成果僅被侷限於杭州。

光緒二十四年，法國人強佔上海四明公所（寧波同鄉會），寧波籍同鄉奮起反抗，法兵開槍殺害十七人，傷二十餘人，於是數十萬寧波人罷市，群情激昂，兩江總督劉坤一上奏朝廷，派聶緝槼到上海處理。聶緝槼親自上街撫慰群眾，勸說開市，同時照會法國領事館，嚴詞駁斥其謬論，經過交涉，終於收回被侵佔地盤。

光緒二十五年奉朝廷命到北京與朝廷聘用的總稅務司赫德會談加稅免厘事務。

光緒二十七年調任安徽巡撫，正值安徽沿江十九個州縣嚴重水災，潰堤數以百計，聶緝槼剛到任立即採取救災措施，解決財政人力問題，組織修堤，開浚新河，不數月水災就得以解決，民氣大振。任內，聶緝槼發現前任巡撫與英商凱約翰簽的開銅官山礦的合同中有「合同期六十年、積六萬英畝」的不合理條款，指出「期太久，地太廣」，需要緩發准照，因此在合同下面批示「此系勘礦合同，不得執為開礦之據」。並責令凱約翰向商務局先繳五萬兩銀，限期一年勘礦，逾期則合同作廢。合同期滿時，聶緝槼已離任，凱約翰要求續約並擴約，不瞭解真相的人不但不理解聶緝槼維護國家利益的初衷，反而群起指責，由於福州將軍崇善查核合同和聶緝槼的奏覆，認為聶緝槼處理無誤，真相方始大白。

光緒三十一年，聶緝槼被御史姚舒以所謂任用私人和擅張銅元局參劾，朝廷令後任巡撫成勳查覆，雖據查明沒有問題，但最後以一個所謂「聽信隨員」的罪名，讓聶緝槼「奉旨開缺」。事實是：原浙江銅元局總辦劉更新（道台）辦事不力，聶緝槼改派朱幼鴻（也是道台）任銅元局總辦。朱到任後，局中盈利十餘萬，聶緝槼對朱作出獎勵，委任他署糧道。按原來規定，銅元局的餘利，應有一部分留給巡撫署，但聶緝槼沒有留，批做公派出洋留學生的經費和練兵經費，這本來是有利於國家的舉措。由於其他不得志者妒忌怨恨，又剛巧有一個不稱職的道台被聶緝槼參劾，懷恨報復，糾集仇恨聶緝槼的人，結納御使參劾聶緝槼，朝廷查核結果是參劾並無依據，但因幕後原因，只得以類似莫需有的罪名——「聽信隨員」，將聶緝槼開缺。但在聶緝槼逝世時，朝廷還是以某種照顧朝廷體面的形式恢復了聶緝槼的名譽——「已故開缺浙江巡撫聶緝槼，著加恩照巡撫例賜恤，任內一切處分，悉予開複，……」。

聶緝槼在各省巡撫任內，想盡辦法，使省的財政扭虧為盈，改革陋規，增加國家收入；體察民情，減輕老百姓的賦稅和各種不合理的負擔，這是大多數當年同級官員沒有能力或不願意做到的。

聶緝槼在政務、涉外政事、軍事後勤和財政等方面都是解決難題的能手，朝廷和當地總督、巡撫經常調派聶緝槼去處理本職以外的、朝廷的和外省的棘手事件，有時甚至要求聶緝槼在調任路途中留下臨時就地處理問題。在涉外的政事上，雖然中國當時處於弱勢，但聶緝槼總是堅持原則，做到有利、有理、有節，至多在經濟上稍讓出有限的利益，而在維護國家領土、主權和尊嚴上，決不讓步，因此得到朝廷和上級的信任和倚重，甚至令外國官員敬畏。這些方面，可以看到聶緝槼忠於祖國，具有高度的責任心、超人的膽識和出眾的才幹。

聶緝槼正直坦蕩，不畏權勢，不計個人得失，這方面的例子不在這裡一一列舉了。在清廷政治腐敗的當時，聶緝槼必然受到妒忌、報復、排擠，所以正當他政績輝炳、最能發揮才能的時候，迎來的卻是「奉旨開缺」的結局。對於仕途的險惡，聶緝槼深痛惡絕，訓誡子孫：聶家子孫莫做官。從此，聶緝槼回到湖南，將精力放到侍奉老母張太夫人和考慮發展家族產業上去。

三、聶緝槼創建的家族產業

聶緝槼創建的本房家族產業有兩部分，即：在上海的恒豐紗廠和以湖南種福垸為主的農業基地。

（一）恒豐紗廠的由來

光緒二十年，聶緝槼由蘇松太兵備道離任，辦理交割府庫財產時，發現虧空八十萬。由於繼任黃姓道台催促，聶緝槼被迫將家庭存款墊支，金銀首飾變賣，股票抵押，並大量借債，湊齊錢款以補償府庫虧損，才算辦成移交。這次所負債務，到宣統二年才還清。經過仔細清查得知：在聶緝槼接任蘇松太兵備道時，前任龔姓道台已虧損二十多萬，當時並未發覺，又留用了前任的內帳房徐子靜，此人極壞，府庫積累的虧空，就是徐私下侵吞大宗府庫財產造成的。後來任用的內帳房湯葵生為聶家追回了輪船、碼頭等財產，變賣後抵償債務，其中追回的紡織新局面值五萬四千兩的股票，只剩股權，已幾無價值，湯葵生於是建議湯家與聶家聯合租用紡織新局經營，聶緝槼以自己有官職不宜參加經營商業為由而謝絕，湯家就獨自租辦，但聘請聶緝槼的第三子聶其杰（字雲臺）為經理，並改名為「復泰」，一年後就盈利十萬。湯葵生去世後，湯家又懇求聶家合辦，於是商定湯家出四成，聶家出六成聯合租辦複泰，由聶雲臺任總理。光緒三十四年，複泰租約期滿，原紡織新局的股東無力償還債務，決定將廠拍賣，於是聶家向人借貸，用三十二萬五千兩拍下，成為聶家獨資企業，改名「恒豐紡織新局」（就是恒豐紗廠的前身）。恒豐盈利豐厚，聶家才算擺脫困境。這個過程，是聶其杰傑和聶其煒（聶緝槼的第四子）請示聶緝槼辦理的。聶家後來因為發展其他產業遭受挫折，需用恒豐的部分收入補償，所以家庭並不算富足，不過後人還是在一定時期內，依靠從恒豐得到的收入維持生計，獲得接受良好教育的機會，為各自後來成家立業打下了基礎。

恒豐是中國最早期的民族資本企業之一，是當時經濟發展的一種新模式，為國家作出了重要貢獻，使聶家在上海建立了「名門」的聲望，聶緝槼也被公認為近代中國著名民族資本家之一。

（二）種福垸的由來

光緒年間，湖南洞庭湖水南移，一部分湖土淤積成陸地，可作農田，墾務局招人領種。光緒三十年，聶緝槼命其第三子聶其昌前往辦理執照，繳費三千餘緡（注：一千串銅錢為一緡），領取南洲淤地八千餘弓（約四萬畝），後又收購鄰近的劉公垸等土地，合起來建立「種福垸」。種福垸東西長十六華裡，南北寬十華裡，總面積五萬餘畝，周圍築堤，其中種植糧棉。為囤積和銷售農產品，在長沙城內設立協豐糧棧。聶家後來又在長沙坪塘（現其地歸屬湘潭縣響塘鄉龜頭村）建造倉庫，人稱聶家大屋，就近收購的農產品，在此囤積，運往長沙協豐糧棧銷售。

四、聶緝槼的夫人聶曾紀芬

光緒元年（一八七五年），聶緝槼迎娶夫人聶曾紀芬。

聶曾紀芬是曾國藩的第六個女兒，生於清咸豐二年（一八五二年）農曆三月三十日，去世於民國三十一年（一九四二年），享年九十一歲。聶曾紀芬晚年自號崇德老人。聶曾紀芬出身曾氏侯門，又是四省巡撫、著名能臣的夫人，清廷誥封一品夫人，但是她卻是以自己的懿行，在清末至民國期間，得到社會的尊敬，享有崇高的聲望。

五、聶緝槼的子女

聶其賓、聶其昌、聶其杰、聶其煒、聶其德（女）、聶其焜、聶其賢、聶其純（女）、聶其璞（女）、聶其焌、聶其璧（女）、聶其熜。

二〇〇七年後十二月聶崇嘉整理編輯於上海

附錄二

《聶氏重編家政學》

——光緒三十年長夏浙江官書局重刊本[4]

敘言

先曾祖星岡公，嘗以「考、寶、早、掃、書、蔬、魚、豬」八字為家訓：

謹案：考者祭祀祖，考言考而妣可該也；寶者親族鄰里，殷勤慶吊通，有無問疾苦，公嘗謂人待人無價之寶也。早者逐日早起也；掃者無論富貧必麗掃潔淨也；書者子弟必勗之讀

4 編按：原始文獻中有小字接於行文之後的說明，本附錄中皆採用楷體處理。

書也；蔬者居家必勤種園蔬也；魚者居鄉池中必須養魚也；豬者家中必喂豬也。

迨　先考文正公又以勤敬足成十字，訓勉子弟。雖戎馬倥傯，簿書焦勞，不憚叮嚀往復，見之於家書者詳已。其訓予及予嫂輩，有逐日驗看功課一則，尚待刊行。先母歐陽侯太夫人，亦躬持孝敬慈讓，勤儉紡績，為後輩範。予自幼承家訓，及歸聶氏，昕夕惶悚，常懼黜辱，以貽父母眥。差幸三十餘年來，上侍姑嫜，內相夫子，處妯娌姑嫂間，及近年兒媳妾婢輩，從無織芥齟齬，固賴天錫平安，亦身被先人遺澤，獲益良匪淺也。間嘗論之，國脈之隆盛，基乎家庭，而家道之振興，關乎教育。予雖不敢以身受之區區，信為必然。要其理勢之常，亙古今而塞中外者，固未有毫髮乖爽者已。晚近世道陵夷，論者輒推原於運會，究其所極，實亦以教育不講，委靡成習，深用隱憂。近閱東洋下田氏，所編家政學，緒論閎深，條目縝密，於家庭義務，一歸重於主婦，未始不可以開通閨媛，整飭坤綱。惟其瀛海隔越，民俗間有懸殊，即文詞不無或異，尠識字義者，洞澈頗難。爰命兒其昌、其杰、其煒，姪壻劉潤，詳加編輯，去膚存液，刪繁就簡，僻者略之，闕者綴之，其中於教育大端，及主婦壹是應盡之責任，務期與我邦纖悉備合，雅俗共知，昔人如白傅詩詞，老嫗都解，宋人語錄，鄙俚不辭，言之無文，觀者易曉。編既竣，迴環審慎，頗與予旨脗合，因付手民，命之曰：《重編家政學》，且以　先文正驗看女媳功課則鐫附，將便於致贈親友，非同乎尋常翻刻，為牟利起見也。中國素以女子無才是德之說為訓，予家亦世守奉行，然女流所重，雖不在文藝詞章之末，而於禮經之所謂德言容功者，顧可一有闕略哉。大易有言：「女正位乎內」明齊家之擊乎內政也，予以親更世故竊見夫家道之替興實與婦道之臧否為消息。因不禁效其一得之愚，而喜為天下之閨彥告也，於是乎書。

光緒二十九年癸卯仲夏之吉適衡山聶氏湘鄉

曾紀芬敍於皖江節署

凡例

一、原本編自日本下田歌子，具徵美善，惟義例多與中邦不合。蓋民俗難以強同也，是編就其大略，於我國婦女事實，詳加纂輯，不憚煩言，務期切理饜心，有裨實用。

二、是編專為啟發我國婦女起見，凡所推廣，皆應盡之義務，不倚不偏，間引外邦緒論處，亦皆確切詳明，論貴適宜，無分畛域。

三、全編分十二章，始教育，終僕婢。每章條目秩然，瞭若指掌，務令智愚均晰貧富咸宜，操內政者，隨時繙（同翻）閱，或亦不無小補云。

四、是編以便婦女日用行習，一切奧義縟詞，概所弗尚，反覆詳明，如說白話，意在一目了然，亦聖人辭達而已之義。

五、原編，名家政學，是編仍之，不掠美也，惟加重編二字，以示區別。

六、是編率爾付梓，為贈致親友而設，非求問世，工拙在所不計，閱者諒之，中國教育漸張，將來女塾遍設，必有無窮善編，嘉惠群媛，是編或不無參考，就正有道，則馨香祝之矣。

目次

第一章　總論

家也者國之本也，何以謂之家，綜男女老幼，下至奴婢僕役，共成一團體者也。然則一家之中，其人其事，亦至不一矣，何以各得其所，不紊其序，遂趨進於幸福也。曰：必有治之者也治之者何。有一定之規範，維繫夫男女老幼，奴婢僕役，使之一各得其所，不紊其序，以趨進於幸福也。然則治之之責，其誰屬乎？曰：主婦也。一家之中，有丈夫焉，有主婦焉，不屬之丈夫，而專屬之主婦者。何哉？曰：丈夫者，治於外者也，主婦者治於內者也，一家之事，無一不與主婦相關切，蓋未可委之丈夫者也。也然則丈夫遂不可治內乎？曰：抑亦有不暇者存也，丈夫志在四方，無論士農也、工商也，需盡一已之能事，以食力於外，竭智慮，積貲財，待經紀於主婦，保守以成家者也。故家道之興衰，全繫主婦之賢否，賢則得人而理，賢俾丈夫克勤厥職，賢無複內顧之憂，賢門戶以之崇，兒女以之庇，族黨以之睦，鄰里以之和，而慘澹之經營，遂以臻進無窮之昌熾，其幸福莫大焉。若頽惰不振，坐事廢弛，務服食之綺麗，昧物力之艱難，丈夫終歲勤劬之所蓄，不難因循漸漬而耗之。將兒女競趨怠慢，僕從亦習偷安，局面既隳，門戶以替，不第失天倫之至樂，其衰微可立致也。然則一家之政，其必賴主婦之防範者，豈淺尠哉，家政之必需防範，不俟贅矣。其防範之道，可約舉歟，曰：婦人之於家，猶宰輔之於國，統百官，綜庶政，必有一定之法律制度，以培植人才，發舒民氣，內修實政，外揚國威，始能圖邦國之富強者也。若宰輔不能端本於上，法律不修，制度不飭，官吏弄其威福，士民弛其紀綱，國柄既搖，而望其富強也，其可冀哉？主婦何獨不然，內圖兒女之盛昌，外冀門庭之光大，善則一家安，不善則一家戚。故曰：國亂思良相，家貧思賢妻。妻賢而弱可強、危可安，貧可富，則夫主婦之責任，不與家政相終始哉。

然則主婦治家之大略可知矣。國家之必極進文明也尚矣。顧文明進化在人才，而振興人才在教育，教育者非可猝希夫大成之域者也。人生自胎育以來，本母氏之精神所傳授，即由母氏之性質所薰陶，此處失防終身貽害，則教育宜先也。提倡闔第之規則，綜理庶務之紛紜，則表率宜謹也。量入以為出，開源以節流，則理財宜慎也。至於娛長老、營起居、習烹飪、資調攝、以暨役、使交際靡不闗主婦之範圍周摯，以增進一家之福祉也。孟子曰：「國之本在家」吾以為家之本即在主婦可矣。今變法維新，造士育材，蒸蒸日上，億萬家之為主婦者，胥得其所以立教之體，由一家而擴之一國焉，則文明之進化不可思議矣。特將家政之大綱，纚述於此。以下分編縷指，不尚深辭，所冀閨中人得一覽周知焉。

第一章　教育初基

初基者開首一節也，主婦治家以教育兒女為第一著，而教育開首一節，尤極緊要。蓋育兒之法，如園丁之於花草，培植得宜，則花葉暢茂，不得其宜，雖奇花瑞草，亦歸荒敗，其橫枝亂葉之長，有損天然之佳麗者，蓋由不能栽培於其初也。教育兒童，就是此理，故兒童長而瘦弱頑蠢者，多由胎育不謹，與幼時失教，令他貽恨一生，豈不可惜！是以欲得賢子，必先其母教育其精神。世間做大事成大功的豪傑，誰不由慈母精心保育而來。諺曰：「慈母育兒之功，大於丈夫之濟世」此語誠然乎哉。為母者切勿怠於幼時之保育，陷兒女於老大悲傷，也作教育初基，凡九編：

第一：胎教

胎教者，謂兒在胎即須教育也，昔者周之太任，能以胎教子，遂生文王。故婦人有妊妊即孕也，凡身體一舉一動，就要想替兒子作好模樣，所謂胎教也。蓋兒在胎內，感動都與母同，知覺精神，皆由母體傳授，真精妙合之際，正形生神發之初，母之氣正，子之所受亦正，母之氣邪，子之所受亦邪。故妊婦必振作精神，慣習端正，此授受自然之靈機也。且分娩乃婦人大事，產前產後，若保護不謹，不有促命之慘，必有不治之病，豈不大可懼乎？能時時留心謹慎，決無意外之虞矣。

妊婦衣服要輕暖忌堆重，要寬緩忌束緊，要清潔忌溼氣。冬天尤怕觸寒，夏天腰腹亦不宜冷，肚帶不要緊結，切不可聽俗人言，謂肚帶不聚，則胎兒膨脹，必難分娩也。

肚腹雖不宜緊束，然自有孕二、三月後，須做一圍腰布，長三尺，餘寬八九寸，綻帶子於兩端，鬆緊合宜，間常換洗，臨產始解去，分娩甚易。

妊婦飲食，要擇滋養多而易消化者，且須調製得宜，不峻不涼為妙，若恣食厚味，不知節減，必致氣血凝滯，胎肥難產。又或過食椒薑煎炒及生冷硬物，均與胞氣不和，不特產時為難，且必貽胎毒瘡潰之害，須隨時謹慎。其不想食不當食者，即宜勿食，要在恰好為宜，

妊婦居室，宜面向南，或向東南，要擇日光映射空氣流通之所，及樹密花香之處，又或山水園野，最為合宜。若不能得如此，必擇高燥忌沮溼，明亮忌黑暗之所，時時敞開窗戶，使空氣

交通，室中陳列物件，最要潔淨，便覺精神爽快。

妊婦身體宜常運動，使氣血周流，胞胎活動，須隨時散步戶外，或曠野空間之地，或庭園田圃之間，呼吸新鮮空氣，以快心神。稍能勞力更好，但不可陵高陟險，及負重物，用重力。田野之婦，勞苦不遑，而臨產快便，生子堅實，即其驗也。富貴之家，往往嗜慾交恣，全不運動，以至血氣凝滯，多有難產之患者，不可不戒，須知日間運動，夜間易於睡眠，睡眠充足，益於保胞不少。

婦既受妊，不可妄看異物如龜蛇之類，不可妄食異味如鱉螺之類，不可聽淫聲，不可視邪色，坐不可偏，立不可倚，且須習講好話，習看好樣，以鎔鑄胎兒之性質，如此則生子必形容端正，才智過人矣。

孕婦七、八個月，宜服「保產無憂方」既安胎，臨產又能催生，或十天，或半月，服一劑，千穩萬妥，附方：

全當歸一錢五分
生黃芪八分
川薑活五分
正川芎一錢五分

兔絲子一錢五分
厚樸七分薑汗炒
川貝母一錢去心
甘草五分
祈艾葉七分醋炒
川枳殼六分麵炒
北芥穗六分

白芍一錢二分酒炒冬月用一錢加生薑三片水煎溫服。孕婦常常照服未產能安臨產能催，可保萬全，或用此方研末，蜜和為丸，服之更佳。產期將近，精神要保養，身體要潔清，運動要快暢，眠睡要充足，安頓產室一切器具，靜心待之，不可慌忙失措。

附：臨產真言

婦人生產，乃造化自然之理，俗所謂瓜熟蒂落，原極平常。然往往有難產者，皆因臨盆坐草太早，時之未至，即行急急用力，致橫生倒生，種種難產，甚至母子俱傷，或命在須臾，或久延時日，可不慎乎？胎前固宜保護，而臨產尤當細心。達生編六字真言：一曰「睡」，二曰「忍痛」，三曰「慢臨盆」，其萬世臨產之不二法門乎。

產婦初覺腹痛，曉得此是人生必然之理，不必驚惶，但看痛極，一陣緊一陣，一連六七陣，漸痛漸緊，的是當生，方可與人說知，以便伺候。此時渾身骨節疎解，胸前陷下，腰腹重墜異常，大小便齊急，目中金花瀑濺，真其時矣。待兒身已正，頭到產門，此際用力一陣，母子分張，不假絲毫勉強，其自然巧妙，實有如此者。若痛得乍緊乍慢，痛定仍然如常者，便是試痛，只管安眠穩食，若認作正產，胡亂臨盆，則錯到底矣。

第一以忍痛為主，無論試痛正產，惟忍住痛，照常眠食，痛得極熟，自然易生。且試痛與正產，均須痛久，惟看其緊慢，方辨得清楚。千萬不可輕易坐草，至囑！至囑！須知此時與性命相關，全靠自己作主。

將產之時惟有上床安睡，閉目養神最好，若不能睡，或扶人緩行，或扶桌站立，站宜穩站，坐宜穩坐，不可將身擺扭，痛苦稍緩又睡，總以睡為總訣，無論仰睡側睡，宜令腹中寬舒。小兒易於轉動，且大人睡下，兒亦睡下，轉身更不費力，蓋大人惜力，小兒亦宜惜力，以待臨時之用，切記！切記！

穩婆亦不能不用，但不可全聽命於彼耳。蓋此輩不明道理，一進門來，不管遲早，輒令坐草，用力揉腰擦肚，無端做作，總以見他功勞，不肯安靜。更有狡惡之輩，借此居奇射利，禍不忍言矣，惟自己中有把握，方不誤事。

臨產能睡，能忍痛，能慢臨盆，小兒他自易生。不須著急，並不須用藥。然或坐草太早，用力太過，產母困倦，遲遲難下，至於橫生倒生，以及交骨不開，種種難產，方可用藥催之。又忌用峻劑徒滲水道，愈令為難，此時切戒驚惶，不可亂動手腳，亂喫方藥，惟有急令安睡。用「加味芎歸湯」服之，如尚遲延，重用大劑再服，可保萬無一失。

加味芎歸湯：

當歸一兩
川芎七錢
醋炙龜板一大片
婦人髮一握瓦上焙枯存性

只此四味，實催生聖藥，產時全要血足，血足如舟得水，何患不行，此方大用芎歸，使宿血頓去，新血驟生，能令全體壯健，產後無病。具有起死回生之功。先賢製此神方，利濟天下後世，奈世人視為平常，別求奇方，不論損益。甚至慌急萬狀，東服西吃，紛紛擾擾，鬧成一片，所謂天下本無事，庸人自擾之耳。歷觀前古方書，參考近今驗案，舍忍痛慢臨盆外，舍靜睡別無上策，舍加味芎歸湯，別無靈方，在各知所遵守耳。

產後，宜服童便，及「生化湯」可免淤血作痛，生化湯用：

全當歸八錢

川芎四錢

乾薑五分炙黑存性

桃仁十粒去皮尖抖碎

炙甘草五分

凡孕婦將產於臨盆時，預煎一服，俟兒生下，即與母服之，隨後連服數劑，不特逐淤生新，可免暈厥、汗崩、惡露等症，且諸病不生，精神百倍，如胎前素虛之人，多服尤妙。

第二：哺育

哺育嬰兒，有一雇乳母者，有用獸乳者，然皆不及母乳之佳。天之生人，既托於婦人，即與以養人之食料於生母之身，故母之乳兒，實天賦之職，盡職者，兒女肢體得以強健，不盡職者，必至虛弱。且母以乳哺兒，則產後之漏洩，約三四週間可止西俗七日一休息日禮拜，和文謂之週間。否則七週八週，皆未可知。每見有固執不通者，謂母以乳哺兒，則姿色早衰，將兒子付諸他人而不顧。夫娶婦以育佳兒，何取乎容顏之美，且小兒不是自哺，情必不親，於將來教育，必多缺失，為人母者，慎毋棄其天賦之職也。

母之乳質，保合適度，較獸乳、牛酪、乾酪及乳糖，實為純厚，蓋分娩之後，母乳中含有一種美質，有輕溫下劑之效，其養人之妙，有不可盡言者。

向來積習，使嬰兒生後，服大涼劑，以除胎毒，往往致病，似可不必。面色青白者，斷不宜服，然面赤現火者，亦宜酌用去胎毒清熱之劑與服，以免後患。

產後之保養，與孕時同，最忌飲酒，食物，宜取滋養多而易消化者。

初產之婦，未慣哺乳，頗以為難，數日之後，即漸次習慣。其時乳或患少，及嬰兒發育，乳汁自漸增多。又年少產母，臨臥時多任兒口中含乳而睡，每至睡極不醒，壓兒至死，是不可不慎也。

生母若有故不能自乳，不得已而請乳母，必擇容貌端莊，氣性慈和，體強無病，年在二十至三十之間，與生母相等者尤宜。司馬溫公曰：「乳母不良，非惟敗亂家法，且使所飼之子，其性行亦類之。」故擇乳母不可不慎也，但既託兒於乳母，不可自已圖箇安靜，必常留心於乳母之舉動，而以寬厚慈愛待之，飲食衣服俱宜加意，須使與我家遂如骨肉，無一毫隔絕為宜。

母乳之外，以獸乳或乳粉等哺之者，此為人工之哺育，最宜者為牛乳，須擇年壯牝牛，先求廣大牧場，常飼以青草豆蔬及食鹽少許，即不能亦當擇其近於此者。牛乳晨搾者淡，夕搾者濃，小兒初生，宜用淡者，用時必沸騰一次，藏之清潔瓶中。用法：生後一月至三月，牛乳一杯和水三杯、四月至六月乳一杯水二杯、七月至九月乳一杯水一杯。以後漸減水，純用盡乳，或和以乳糖。其沸也俟稍冷時哺之，哺器要洗濯乾淨，哺剩之乳，棄勿再用，夏天尤易臭敗，急棄為宜。

牛乳最易腐敗，酷熱時，早搾者不能留至夜，故收藏須密閉瓶口，而置鍋中煮沸之，煮後置之冷水中為宜凡。

凡小兒稍長能守規矩者，多由繈褓時習慣而然，故生後一旬，即宜定一哺乳時刻，漸及一切之事。顧乳汁之於胃中消化也，須一小時四十五分，是以哺乳必過二小時一次，其後次第節減。夜間則於就寢夜半天明三時哺之，其次又改為就寢一次，早晨一次。自餘之時雖啼哭，只宜輕輕拍背，摩擦身體而已，不可濫哺也。一小時為一點鐘即半箇時辰也一時辰有八刻每刻十五分四十五分者三刻也。

小兒斷乳為緊要之期，調理失宜必致成疾，大抵在生齒之後，漸漸與以食物，僅早夜哺乳二次，啼哭時，或抱之遊覽，或誘以笑言，慰撫多方，二年之後，可全斷矣。

世俗生兒，必殺生宴客，不知既得生育，而又殺生，殊非保生之道，所當切戒附，載於此，以廣流傳。

第三：小兒衣服

小兒衣服，要輕暖而疎，綿布小絨之類最好。熱天用夏布，宜於白色，取其污穢易顯也，綢類不可輕用，非特難洗，且恐引兒童易染奢侈之弊，雖富貴之家，亦宜用素淨布服，中國向來有用老人舊衣改作兒服。云：「命小兒多壽」且舊棉與小兒鋪衣，可免多汗，汗多易致虛弱，此固不為無見。

嬰兒衣服要輕要寬，身腹要廣，袖筒要闊，帶不宜緊結，以便四肢運動。冬衣鋪棉，不宜過厚，盛熱之候，可只著兜肚一件俗名抱肚，俾兩手露外，活動之至。

世人好使小兒著厚重之服，以為身體輕弱，防其冒寒致疾，往往厚衣暖服，藏於重幃密室。不知幼穉之年，生氣充溢於外，衣薄則四肢靈動，最健身體，若多著厚服，使之不能跳動自由，必致筋骨輭弱，不任風寒，所以貧兒堅勁無疾，富兒柔脆多災。譬如草木方生，以物蓋緊密，不令見風日，則萎黃柔弱矣。

嬰兒之服，宜時常洗濯潔淨，曬乾摺平，齊齊整整，以便取換，不特有益於衛生，衛生者護衛其生機也。於德育上亦最有關系德育者涵育其德性也。蓋在嬰兒時，即須養成他一種愛潔淨愛端正之性情。

第四：小兒飲食

小兒生後一年，牙齒漸增，消食器漸大，方可哺以粥湯飯食，及魚肉蔬菜果實等類。未週歲時，切不可食葷腥油膩，食油太早，極非所宜，凡飲食俱宜微溫，過冷過熱，皆不合度。

小兒食物，須極熟而易消化者，及食量漸大，原宜聽其適口，然又不可用意過篤。蓋小兒無知，或恐習成過貪之性，不愛尋常食品，別求珍味，故須矯除此弊，使之於衛生德育二者漸漸曉得。

小兒腸胃脆窄，如稠黏乾硬甘酸之物，及一切水果、麵灰、煎炒、生冷諸類，俱是發熱難化之食，小兒任意偏好，只是要食，母畏啼哭，無所不與，多成痼疾蟲積等病，雖悔何及。昔有人云：「予幼時好食甘飴，忽一日見飴中有蚯蚓，伸頭而出」自後不敢食飴，及長始知父母之所為。此可為節戒之妙法。

小兒能食，教以右手，更教之咀嚼，使之習慣，母及奴婢，均不可咀嚼授之，蓋傳染諸病，多由於此所宜切戒。

第五：小兒居住

居室，宜南面，或東南面，要擇日光映射空氣流通之所，令小兒呼吸新氣，最益身體。學步之時，所居不可近於斷崖池塘之處，若有此等處向，必遍設高欄，以防墜落。

寢室最宜清潔，污穢之物，不可與近，必使無惡臭之嫌忌，乃能清爽自由，此潔身之根基也。

室內擺列物件，必一一安頓齊整，不宜亂雜，使小兒習見所接之物，都有一定次序，俾漸漸慣熟，血氣與之融和，性情與之變化，以養成其整齊嚴肅之風。

第六：小兒動靜

強健之兒，必能久眠，能飲食，專好運動，不肯安靜，此最好消息也。然強弱雖由於天賦，實關於胎內及幼時之保衛如何，保衛得法，弱者亦可增強，故此時之一動一靜，尤關係乎畢生不可不細心也。

兒生後六七周間，除食乳便溺之外，只是要睡，無他，腦力未十分充足，故善睡，此等經驗，發育最好。若虛弱之兒，必不能久睡，故兒睡須任穩久，不可驚醒，被服宜輕暖適體，不可覆其頭面，以防蘊逼氣息，頭面露外，極舒暢也。

嬰兒以呼吸空氣為妙，宜擇天晴無風之日，抱之緩緩運動戶外，歷半時久，最足以發舒精神剛強血氣。其在嚴寒酷熱之際，視其可行則行，不必勉強，每見富貴之家，重裀疊被，日在懷抱中，雖數歲尚未能行，而田舍小兒，終日暴露，絕無他病，豈貴賤之理有殊哉，亦其常見風日，運動有常，得以堅固其資體耳。

學步時，須聽其自在活潑，不可驚嚇，未滿三歲，頭腦四肢，尚極柔輭，須細心照管，防其跌墜，蓋保育小兒，先在注意其動作也，又小兒大聲歌笑，極能發通肺臟，且使周身血脈流通，宜任意不宜阻塞。

小兒身體不潔，易致染病，且常遺便溺，宜勤洗浴，免受溼氣。凡浴時，須調和湯水，試探冷熱，過冷過熱，令兒畏怖，惟用純良溫水，寒冷時候，可就日中，先以輭布摩擦全身及頭部，浮塵多著於毛髮故也。次洗面部，須另用手巾，別挹溫水洗之，忌用同一手巾並洗面部。水中不宜過久，冬浴久則傷寒，夏浴久則傷熱，浴後急以服緊束，勿觸冷氣。

兒體最易染污，衣服床鋪，都要異常潔淨，所浣之衣，不可夜露，每食之後，必以淨布浸溫水中少絞之，拭其口中及兩旁，使之爽快。

兒生後，若早剃去頭髮，此大害也，中國通行以彌月剃頭，亦已習慣，惟吳俗有未半月即剃頭者，實太早。

第七：小兒遊戲

小兒遊戲，最要留心，蓋兒初入世界，所見所聞，皆是新奇可喜之物，漸漸易知易覺，即可於此時，因其自然而導之，以開通其智識。幼時見聞，最易入骨，為母的婉轉曲引，可以隨處受益。耍玩之物，不宜用玻璃鐵片，及有毒顏料彩色之件。手足稍能自由，遇物輒易打壞，雖富家亦不宜與以貴重之物，須給以通常便於隨手者。及稍能理會人言，更當道以淺詞淺理，使之愛惜物件，以漸養其勤儉慈愛之心，及節已好施之道。

兒童多有好奇之心，其欲為各種之事，蓋天性然也。故自彼一事，移此一事，一事未就，又去而趨他，此其常也，不可不妨。且彼此更換，為許多之嬉戲，則心目為之爽快，最系發育之機，是宜多備嬉戲之具，隨其所好，聽其自由而玩弄之，但不可與以無益之物，及近於博奕，如骨牌骰子之類，中國近來賭風甚盛，蓋未有小兒不玩睹具者，所宜慎之又慎也。

兒能四處行走，宜順其意，莫阻其機，彼歡嬉譁笑，何罪之有？縱跳舞蹈，何害之有？或大聲呼喚，或放歌高唱，最能發通肺竅，只要不在家人病臥及賓客應接之時，不必厲聲怒色以箝制之，但走入危險有害身體之處，急宜禁止。

保母者，帶養小兒者也，選擇宜慎，泰西各國，凡保母必卒業於學校謂必入學校學習教育，然後能為保母也。我國尚不能如此，但擇身體強健，氣性溫柔者用之，既至，宜稍稍導以教育之理，務使小兒與之融洽，而順其軌範，禮內則云：「子生擇於諸母與可者，必求其慈惠溫良，慎而寡言者，使為子師其次為保母，皆居子室。」即此意也。

第八：小兒生齒種痘

兒生齒時，多有不安之狀，如眼臉及頰邊現赤色，睡中或睜目而驚，或發熱遍身發疹，皆是也。急延醫診之，若因齒根微痛而啼哭，則以潔淨青布，浸濕水輕拭之。

古來全任天然出痘任其自出，不先種也，每遭夭折之慘，或來容貌醜惡之嫌，女子尤懼傳染。後來種痘之術盛行，幾忘天行痘之事，實世界之幸福。亦有愚昧者流，不以種痘為重，全不加意，痘瘡流行之期，安坐聽之，至遭不幸，豈不可惜，為母者欲保全兒女，自宜相時斟酌行之，奈何輕視之乎。

種痘大約自兒生百日後，至六箇月之內，延醫視之，只要無病，不論時節，不擇天氣，俱可隨時引種。過六個月，又須接種一次，若非痘瘡流行之期，皆可引種。

種痘，於左右兩腕，各種三顆，或五顆。起首三日，鍼痕稍帶紅色。第三四日，始露形影，約略堆起，現濃紅色。第五六日起，如小皰，中心生膿，周圍灌水。第七八日，水足灌漿，微微覺癢。第九十日，灌漿充滿，兩腋底微痛，略似結核，頭額掌心，俱見微熱，此周身毒由此出也。十一二日結痂，半月外痂落，其痂光澤堅厚，卷邊如小香菇樣者，可告成功矣。

第九：小兒疾病

小兒疾病最多，有臍風、胎瘡、噤口、撮口、急驚風、慢驚風、癇疾、傷風；傷寒；傷暑、傷濕、霍亂、咳嗽、哮喘、疳疾；嘔吐、泄瀉、食積、癖積蟲、痛黃瘴、疝氣，痢瘧、瘰癧，痘疹及龜胸；鶴膝、五輭、五鞕等症。不可枚舉，無論何症，皆易犯染，故幼時宜加意保護，使之呼吸新鮮空氣，資身體之健強。大約保嬰之法，除隨時慎重風寒暑濕外，總以嚴戒亂食為祕要，養子真訣云：「吃熟莫吃冷，吃輭莫吃硬，吃少莫吃多」誠真訣也。平時小有不安，乳母戒食油膩足矣。勿輕服藥，無情草木，易傷元氣，更非嬌嫩者所宜。且問切無因，惟憑望色，粗疏之輩，寒熱二字，且不能辨，而欲其識症無差，難矣。惟啼哭忽與平日不同，或呼吸如鋸，喘急殊甚，及便溺閉澀，寒熱往來，種種現象，則延醫調治，不容刻緩。小孩無知，即有不安，不能自言其狀，全在母氏細心察之，得其實際，使醫師中有把握，方為妥善。

調護小兒之病，原極不易，如室內之冷暖，衣服之添減，進藥之躊躇，事極繁瑣。為母者當細心耐煩，切勿延緩姑息，聽其不肯服藥，而貽誤大事也。

上載小兒各症，「幼幼集成」一書，頗稱詳驗，惟自己既不行醫，不宜擅開藥方，宜備此書，時常閱看，一遇兒病，請醫調治，可以察其用藥之誤否，且可知病預防，即如：「本草備要」亦宜家置一部，以便臨時查考。

第三章　教育漸次

漸次者，漸漸成人之次序也，胎內及繈褓中之教育，前既詳矣。過此則兒童知識漸開，發育漸大，善惡誠偽之界，判乎此矣，教育之所宜急講者，正在此時也。夫論教育於今日，其所望於兒童者，原非淺求於一二小就，其必教以普通各學之準的普通謂於為學各科，皆能通知也。以發隄攄其智慮，恢張其能力，擴充其好任俠之精神，孕育其愛國家之運量，俱屬為父母者，所冀望其子之切要，然非童穉所能遽施也。不過其規模必造端於此時耳。凡世運進化之風潮，有不可驟而行之者焉，譬如築隄禦水，苟其基礎未固，則轉眼而崩潰也必矣，故教兒童於初離繈褓之時，亦猶築禦水之隄也。作教育漸次凡六編：

第一：培植根器

夫欲培養花草，必先擇佳土，選佳種，且厚加以肥土之料，而後可望萌芽之美。芽既萌矣，防風避雨，早夜看護，都有定法。迨枝葉漸長，苟有曲者必矯正之，有劣者必增美之，又時而暖之以日，時而潤之以水，不知費幾多心力，勞幾多辛苦，以保護其根基，始能發秀而結果。教育兒童亦正如是，當夫繈褓方離，應施之教育，前編盡之。及年齡漸長，使之入學修業，此時坐立言笑，一切遷善避邪之事，無一不須母氏約束之，督飭之。凡人見子女言行端正者，則必曰：他母必賢也，他家庭必嚴也「他母必賢也，他家庭必嚴也」不然他何以端正若此？又見其學業之優，則又曰：「他師必良也，他母必賢也」不然他何以精明若此。蓋睹其子女儀範之良，即知其母氏培植之善，然則母氏之育成兒女，其根基可忽哉，為要有二。

一、品格。品格者立品之格局，即人身模樣也。何以幼小即講品格，凡人立身之善惡，全系乎幼時品格之良否。世人以兒時知識未開，往往聽其疏忽，以為不甚緊，要不知他雖幼穉，而五官百骸之感觸，為善為惡，恰胎於此時，視道之者之善惑何如耳。大抵嬰兒初出世界，各有一種良知良能，變化莫測，純然不假勉強。孟子曰：「孩提之童，無不知愛其親，及其長也，無不知敬其兄。」即自然之知能也。於此時順其自然之機，以至善無惡之德性，充其良知，益其良能，開通其聰明材力，使之遇處知有規矩，涵濡漸久，品格自爾上進。若任其自為，全不約束，言行不求誠實，身心不知敬慎，此等根柢，必至放縱無忌，不守正業，斯為下流之品格矣。凡有大作用者，幼時即有非常之器識，卓卓異人。其故無他，總由教訓得法，引導有方，其端正規模，自小已經立定，然則品格非培植之先務哉。

二、習慣。凡事習至慣熟，久之遂成自然。若功時之習慣，其為力最大，入骨亦最深，有至終身不改者，故事雖至難，苟自幼年習之，自不優覺其難矣。事雖至易，至長大而始習之，未有見其易者，蓋幼穉之初，心中渾然一物，毫無外來之牽擾，乘此靈機，引之以種種善良，使之逐漸學習，至於慣熟，必能持久不忘，其為益豈淺鮮哉。不然，幼既不教，至長大而始督責之，又何益之有乎？須知天性未漓之時，即萬善本來之地，必使其於一事一物，認真做去，不臻於美善不止，到後來遇事方有把握，不至倉皇失措，此習慣之效，最足以轉移兒童之性質也。

兒童之賢否，全視母氏之教育為進退。顧外雖有賢師良友，苟內無賢母之激勵鼓舞，使之尊師取友，聽其勸誡，勸者勸其為善也，誡者誡其為不善也，斷難望兒子之賢明，以家庭教育之重，固如此也，然則母氏之責任，其可忽哉。

第二：鍊養性質

教兒如讀書習字算術格物之類，皆智育之最要者智育者心思上之教育開其聰明知識也。雖然，尤莫要於德育德性上之教育純是教人行善去惡，有德育以堅固其心堅固者外物不能移也。養成其愛敬孝友之性，而複強健其身體，磨煉其精神，使之能耐寒暑身體健精神足，雖寒暑之苦亦不足畏。能忍饑渴雖饑渴亦能忍耐。成一真實堅定之性質，與他委靡不振者，迥然不同。夫男兒志在四方，平素如此養鍊，一旦有急，必能精神振刷，勇往直前，無論大小事件，均可擔當得起，此等性質，非養之幼時不為功也，其要有二。

一、期大成。教兒，要在不求小就，而求大成。世人動誇兒子之聰明，見其稍通一字一義，百端稱道。小兒無識，因寵生驕，其材力至為所限，又有愛惜過甚，動怕兒子吃苦，因循姑息，毫不加嚴，此皆無大成之期望也。不知嬰兒自有生之始，即為國民之一人，他日或置身朝廷，造福萬民，擔當國事，都未可量。然此等成就，雖難過期而呱呱者。發越方長，亦屬意中之事，視父母之規範何如耳。若夫貧賤之家，無力造就，亦當從其大者著想。虞舜一歷山耕夫，漢高一泗上亭長，後來俱貴為天子，彼其父兄，豈曾有如富貴家之教育其子弟哉。芝草無根，醴泉無源，人只患不立志耳，非必云大官厚祿，可以妄加冀倖。第實而求之，為士、為農、為商、為工皆可致富厚而召名譽，固非人力做不到者。故教育之道，不爭貧富之懸殊，惟在父母志趣高明，切實提撕，使兒子力爭上進，以求為他日世界上大有作用的人，斯家庭之幸福，若第誇其一線之明甚至因循姑息，小就且不能，遑云大成哉。

二、則先哲，則先哲者，看先輩好樣也。貴耳賤目，人情類然，蓋入耳最易留心也。幼兒初出，心中游移無主，可正可邪，有好榜樣以感發之其入正途也自易。且幼時所聞之事，最易穩記，至終身不忘。為母者即其平時之一舉一動，勉以行正事，說正話，固屬切要。尤宜舉古今來之忠臣孝子仁人義士，及鄰里之嘉言懿行，詳細指示，說某也忠孝，青史流芳，某也奸邪，萬年遺臭。某子弟好，後來富貴，某子弟不好，後來貧賤。此等格言，處處教之，日日教之，事事教之，務使聽得慣熟，長其立志之進步，發其愛國之感情，其性質自必趨於正大一途，亦引申觸類之一法也。

第三：勉勵學務

古者人生八歲而入小學。小學者，學習幼儀也。十五而入大學，大學者，明德新民之學也。古今來為聖為賢，為豪為傑，無他謬巧，不外從讀書做起。蓋人生最重讀書，姑無論其為聖賢豪傑也，即為農為士，為工為商，總須胸中有墨，始能到處順手，不為人欺。故教兒讀書，不可不力也，大抵童子之向學，全賴為母者實心振作，方能有成。每見世之母氏，往往過於溺愛，盡兒子嬉游無度，不加箴規，即令入學，既防體資不健，又恐先生太嚴，一暴十寒，休暇時全任丟棄，不問功課之勤惰，不查進境之有無，不知重道隆師，奉行故事，名為讀書而已。且即為父者十分斟酌，而母氏必故意相爭，其視讀書為天下最苦人之事，此等母氏，無論兒子愚頑也，即極聰明之子，亦斷不能成學，豈不可惜？不思人在世上，不學便是廢人，兒子既生，便當存一大有作用的想，我惟勉其勤學，懲其懶惰，彼到學問深時，自有無窮樂趣，何曾苦人，又何須替他著急？昔孟母因子不學，斷其機杼，後孟子成一代大賢，蓋有此母，自有此子，學何嘗負人哉？是以凡為母者，宜將此事認為治家上業，壹意敬師重道，須知兒子學成，一可磨練智德，二可光曜門庭，三可擔當世務，何等清貴。且中國維新之基已啟維新者改行新政也。將來學堂林立，無分貧富，皆當使之入學，入學之後，教以如何發憤，如何用功，於其還也，令其複習，研查其學問之有進境無進境，有則加勉，無則加嚴，俾家庭與學校，相輔而行。如是，則兒子之在家，亦自與在師側無異，其為益顧不大哉。

第四：專定職業

曲禮云：「為人子者所習必有業」故教子之道，以專定職業為主腦，蓋子將成，趁早妥為安置，即富家亦宜各有職業，每見富家子弟，奢侈無度，不知愛惜物力，動輒以勢壓人，且賭蕩自恣，不守家規，推原其故，多由父母看得十分驕寵，習為故常，不加約束，致敗壞不可救藥，此大不可。家雖富貴，愈要務崇正道，儲為他日國家有用之人，斯能承先人之遺業，貽父母之令名。若夫貧賤之子，尤須安置得宜，資質敏捷者，教之一心讀書，務底於成。其質魯者，亦須讀書四五年，俟其稍識文義後，或令耕田，或學做藝，或習商賈，總要有一門手藝，認真從幼年做起，方能成人。若手中不能成一件事，便是廢物。他日衣食缺乏，流蕩無恥，貽誰之羞？昔漢朝鄧禹，有子十三人，使各執一藝，而禹家以長。近日泰西各國，一家之中，無人不能成藝，不善理財，所以國家之富強，愈增愈大。中國遊蕩者多，每由母氏溺愛不明，因循貽害。故為父母者，務先相其資質，於士農工商中，專授一業，使之各有謀生之本領，此治家之總訣也。又中國習俗，往往貴男賤女，以為男當教育，女則不甚緊要，不知女子重在育兒治家，其關係尤切，故教女當與教兒同一認真，先教以讀書識字，開其聰明材力，繼勉以規矩禮法，養成其慈惠溫和之性情，而平時中饋針黹紡績諸務，在在須實力操持，不容疏怠，異日增光門楣，不全賴幼時之母教哉。

第五：寬嚴賞罰

賞者嘉其善也，罰者責其不善也。然賞罰之用，亦須寬嚴得中，蓋過於譽揚，則足以長驕傲之習，責之太甚，彼小兒渾渾無知，非疑則懼，憂憤之餘，甚或變為執拗不聽，亦非善道。嘗有一般嚴父，見他兒學藝之優，乃盡力課責己兒，不問其天分之高低，卒至督責太過，有能力因此而疲，身體因此而弱者，不知教入之道，貴乎因材能，有賢愚即教有緩急，故賞罰之道，須恕而公，嚴而正。惟其為詭詐以騙人，假媚詞以討好，又或專習懶惰，不勤正業，皆兒童惡習之尤。

苟有如此現象，不容寬假，須從速懲除之。其餘為患不大之事，惟有反覆指明，從容訓誡，使之循循遷善。若概施以鞭撻叱怒，是促其善機也。是以為父母者不慮，叱責之不嚴，慮教誨之未盡，家庭常有一種仁慈和樂之風，斯為美耳。若小兒有濟人困苦，救人急難，知過能改之事，即宜溫語獎慰，以礪其益進之心，如此則寬嚴得中矣。

第六：戒慎條例

一、戒欺。欲兒無欺，先莫欺兒。世人每於小事之欺詐，以為不關緊要，如有病進藥，明明苦的偏說是甘或稱與以物而複不與既稱與他，便不可假，或故意使之誑語，以為得意，虛詭如此，將小兒習慣，終至說話沒有對證，成為無信之人，可不慎哉。孟子幼時問母曰：「東家殺豬何為？」母佯應之曰：「與汝食耳既。」而悔曰：「吾聞古有胎教，今兒適有知，而我欺之，是教之以不信也。」乃買豬肉以飼之。

二、戒報復。教兒童以報復之事，雖不常有，然亦往往流露於無意之間者，如兒童跌地觸柱，輒罵地打柱以慰其心，此常有之事也，不知兒童復讐之念，遂胎於此，及長，苟有傷已罵已者，遇處即想完讐，必盡其報復而後快，此不可不為預防，以充其堅忍之性。

三、戒恐嚇。凡人有怯懦之性怯懦者遇事畏懼也，實由於幼時，蓋為父母者，欲兒童之易於聽從，往往設計嚇之或兒吵甚即說外面有虎又說背後有鬼，嚇得兒子啞口畏避，此不特無知之人為然，即賢者亦所不免。不知常人動怕鬼神妖怪者，多由幼時之習聞。是故幼時告以鬼神妖怪之事，長大必生怯懦之心，幼時告以英雄豪傑之事，使知鬼神妖怪之不足畏，則懦者亦變為勇者，此一定之理也。又兒童稍稍受傷，不可過於憐憫，以弱其氣過憐者，動謂我兒造孽，我兒可憐，兒便涕泣矣，致將來不能忍苦耐勞，遇事退縮。平時須勵以剛強有為之性，到後來方有膽略，不可加意憐恤，使之涕泣說不要緊他便不痛矣，說他可憐便哭起來矣。至女子性本柔懦，若更教以怯懦，將偶遇事變，但知涕泣而已。世人每以涕泣為女子之常態，不知乃積習之所致也，若平素胸中寬大，遇事自有把握，斷不亂哭。

四、戒偏愛。父母見兒之純良，輒指弟之頑陋，遂至飲食衣服，亦分優劣，最為不宜。又或偏重一兒，欲使他兒遷善，如是必至傷兄弟姊妹之愛情，而漸生其猜忌嫉妬之心，故兄弟鬩牆之禍，多生於父母偏愛之私，不可不慎。

五、戒妄語。婦女相聚談笑，每戲言妄語，在乳母婢女尤多，此等惡習，最易污染兒女之視聽，至成言行不正之人，不可不戒。

六、戒傷生。博愛及物，實教育之切要博愛者凡有生之物，無不愛惜也，幼時遇蟲鳥任意殘殺，則長大必以其手段施於同類，至成兇惡殘暴之人，在兒時便當戒以莫妄殘殺，以生其愛物之仁。

七、戒過激。聞母氏之叱咤大喊大噪也，見母氏之憤怒，固屬小兒所畏，然家庭之內，常常有叱聲怒色，徒足使兒童之性，日近頑惡，非教育之良法。何也？喜怒無常，旁人亦為之不樂，兒童解免無由，反至激成驁傲，久之一味不聽，不可複教！西人有言：「愛欲強而怒欲弱」謂慈愛宜重，怒氣宜輕，誠為篤論。故教兒須苦心勸誡，寓嚴厲於溫和之中，其效究勝於叱咤憤怒者遠甚。至於實有大錯，則不能不嚴厲行之，然平時總以慈惠為主。

第四章　教育總義

總義者，統鉅細言之也，漸次之教育，前已詳矣。而日用飲食，周旋舉動之間，精粗大小，關繫猶多，宜逐節詳明也，作教育總義，凡七編：

第一：倫常之整飭

倫常莫先於孝弟，整飭者孝弟之謂也。人苟不孝不弟，是先自絕其天，豈得複齒於人類哉。世間每有此等悖逆之子，把父母兄弟，全不鄭重，傷天理，壞風俗，及至罪大惡極，不有人禍，必有天刑。蓋不孝不弟，斷未有得其善終者也。故教兒，先要講明長幼尊卑之道，不容稍有乖違。父母之前，下氣柔聲，和顏悅色，呼則急應，召則急趨，美食必請先嘗，寒熟必時顧問，有疾則細心調理，有過則婉言勸導，此事親之大略，為人子所不可缺一者也。若夫兄弟之間，尤懼易生嫌隙，兄固宜友，弟更宜恭，平時親洽齊心，可以禦外侮，可以濟急難。毋好貨財，而傷手足之愛，毋聽婦言，而乖骨肉之親。兄弟能和，父母固屬歡娛，族鄰亦生敬畏，何等安樂，全在教兒時切實誥誡，斯家庭之福矣。近來風俗衰頹，父子兄弟之間，言語多有流於不敬之態，此事似小而實大，長幼之序不明，即紊亂倫常之基所由起也，整飭可不亟哉。

第二：舉動之沈潛

兒童舉動之良否，表一家教訓之善惡。故舉動之模範，最重者沈潛，最忌者輕躁，幼時一舉一動，即須養成謙讓溫和之風，若輕躁而不厚重，見人不知謙讓，性格不能溫和，則他人不咎兒童之不良，只咎主婦之失教，動謂他家沒有家規，不特鄙薄其兒童，因而輕視其家族，種種抹煞，由此而生。若對人不失禮法，循循規矩，則人皆欽慕其主婦之風采，因之尊重其家族，小兒之舉動關乎一家如此，為主婦者，可不隨時加意乎？

第三：言行之防閑

孔子教弟子謹而信，即防的閑之謂也。兒童做事說話，總要誠實無偽，方為可嘉。若信手亂動，輕口亂談，動輒招人嫌忌，豈是教道，此防閑不可不力也，茲撮其不可者十有一。

一、不可為苦人之事甯肯自苦，切莫苦人。

二、不可為害人之事只防人害我，我切莫害人。

三、不可嫌忌他人人比我好些，不要忌他，就比我差些，更不要嫌他。

四、不可指摘他人容貌醜惡及身家忌諱人品不齊，或行檢有玷，或相貌不全，或今雖尊顯，而出身本微，或先世昌隆而後裔流落，言語之間，須留心檢點，切勿犯人忌諱，揚人醜惡，令其愧恨無地自容，不獨自失厚道，亦且結怨於人也。

五、不可指摘他人罪跡過失人有罪過，必十分驚惶，畏人指摘，若指摘之，就是終身之恨。

六、不可粗心做事凡作一事，即須一心注意於此，方能完全不誤，若粗心浮躁，斷難成功矣慎之慎之！

七、不可負人之託凡受人託付，既已應允，必代做到，若不能代，即先莫妄應允。

八、不可信口出言凡說話須極和緩，須細思想，不祥之話少說，恐人厭聽，遇有應說之處只宜輕輕說過。

九、不可妄述人言道聽塗說德之棄也，凡一事而關人終身，一言而傷人陰騭，即實見實聞，不可輕口傳述，切記！切記！

十、不可看淫詞小說及談閨閫遇有淫詞小說，不特不看並宜焚之，若聽得人家閨閫事，急宜閉口勿宣。

十一、不可說話做作對人說話兩手整齊，手指莫亂做作，斯為得體。

第四：對客之行為

古者人生八歲入小學，習應對進退之節，即對客之禮寓焉。客來須對之極其恭敬，無論親疏遠近，待之都要慇勤，是使人他日敬我之根源也，故兒童須教以待客之道，其要有七：

一、客來接以敬愛之意，先敘寒暄，和氣正容，親切有味。
二、對客要多談論，使客歡喜，又須從容莊論，對客無言，使客厭倦，是慢客之漸也。
三、對客言，須處處端敬，句句切實凡問答之間，知之為知之，不知為不知，不可冒昧。
四、客前，忌頭髮蓬鬆，衣冠拖沓。
五、客前，忌口中磨牙，及銜食物。
六、客前，忌翦爪歌唱。
七、坐必兩膝整齊，不可將腳架在膝上，尤忌拖鞋步於人前。

第五：食膳之禁忌

曲禮：「毋放飯，毋流歠，毋吒食，毋齧骨」。即禁忌之謂也。食時規矩，最關緊，要不可不教之遵守，無論何事行為不正，人必生嫌，而食時不正，可嫌尤甚。彼兒女在廣眾中貪食無度，使他人樂趣頓消，最足為父母之恥，禁忌之條有九：

一、當食，要候他人坐齊，不可先行自食。
二、兩人同坐，膝宜整靠，不可將身擺開，占同坐者地位，即曲禮：「並坐不橫肱。」之意。
三、伸手人前取物，最為失儀，須起身近取為是。
四、席上不可多話，長者未問，不要發言，惟傍聽長者之談，即曲禮：「長春不及母。」儳言也。

五、食時，忌拋棄飯米，及遺失桌上菜汁，或食物過多如餓者然，最為可厭。

六、食時要容貌整齊、身手潔清、不齊不潔、一座生嫌、雖有佳殺、亦趣味索然矣。

七、手指有汙忌以衣服拭之、亦不可拭於桌凳兩傍。

八、不可玩弄食器、及口中咀嚼作聲。

九、不可以他人食器、供己之用。

第六：出外之規矩

孔子曰：「弟子入則孝、出則弟」是兒童之出外，不可不講明規矩也、或親師或訪客、一有失禮、他人不當面指摘、必暗地訾議、皆父母受其責備也、為要有五：

一、出外先告明父母、說兒去、回時稟明、說兒回、在外所見所聞、於可告者一一細述、即曲禮云：「出必告，反必面。」之謂也。

二、走路宜沉重端莊、身莫搖擺、足莫輕佻。

三、逢長輩必讓路、不可橫行直撞、曲禮云：「遭先生於道、正立拱手。」此之謂也。

四、路過長者，大聲稱呼不可呼其名字、即遇平輩、亦須稱呼得宜、總以謙恭為是。

五、路遇邪曲不正者、如花鼓壞俗之類、不宜留看、若遇人爭鬥須急走避為宜。

第七：約束之大端

兒童平居無事、最易蕩軼其心思、蓋逸則思淫、自古為然。不時加約束、以勵其奮勇之氣、則流失不可究詰也。總揭其要有七：

一、威儀為定命之符。兒子平時、先使習灑掃應對進退之節、衣冠時常整齊、坐立時常端正。大忌筋弛脈懈、亂跑動叫、此極關係人品、不可不使習慣。

二、兒子須知擇交、近朱者赤、近墨者黑、一與之交、終身之成敗係之、不可不慎、須擇至誠正直者、使之時常親近、學些好樣、若輕狂浮躁、酗酒賭博一流、概宜遠避、免致學壞。

三、嗜酒最足誤事、且易致病、戒之為宜、若鴉片貽害一生、流毒無盡、尤萬不准近。

四、賭博失業傷財、為敗壞家風之極。戒子弟者、所宜加意防之也。

五、子弟最重勤懇、遇事提起精神、大忌懶惰、須勉以早起晏眠、無荒無怠。

六、奢侈乃敗家之由、子弟尤宜儉樸、一飯盒也、當使知來處不易、一衣服也、當使知成之為難、浪費何忍、凡物都要曉得如此著想、方能崇儉。

七、整齊為成家之要道。室中擺列物件、須隨時安放妥貼、如某件從某處取來、用後仍歸某處。忌亂堆亂擲、及混雜汙壞、一有破損、按時整好。幼時在家、不知整齊物件、後日必是糊塗亂來的人、切戒！切戒！

第五章　家庭表率

表率者為一家倡首也。教育之要、上文已詳且盡矣、然主婦非徒以教育卸責也。蓋主婦佐夫成家、實一家內政之總理、必先正已、方能正人。則提倡一家，尤其專職也，作家庭表率此章專論主婦榜樣凡八編：

第一：事奉敬謹

婦人以順為正，於敬奉舅姑外，所當始終敬事者，厥惟丈夫，婦有三從，既嫁則以從夫為張本，一有不敬，而丈夫之隳矣。故平時在夫前，務須品行端方，清靜雍容，不躁不暴，遇事仔細商量，十分和順，使丈夫安心職業，不生內顧之憂。夫婦者人生之大倫，夫賢固是幸事，即遇不賢，須知命數所定，不要將丈夫看輕，只好婉言開導，斯為得體，古人相敬如賓，何等和順。易曰：「婦人貞吉，從一而終。」明夫之尊無二上也，孟子曰：「必敬必戒，無違夫子。」言敬夫也，又歲時祖宗祭祀，供奉酒食，須潔淨整齊，更宜教道兒童，跪拜祭掃，養成其不忘本之一念，婦人能敬夫奉祀，家道自昌矣，此表率第一義也。

第二：行止端正

端莊正直，大有益於家庭，而主婦表率一家，尤不可不習慣也，蓋慣習端正，不特為兒女榜樣，且使長幼僕婢，都生敬畏之心而邪淫播醜之跡，自然泯絕。丈夫之體面更好，兒女之規矩愈嚴，鄰里族黨，皆尊重之，而家道之隆盛可決焉，故正一家之風範，實自主婦之端正始。

第三：德性溫良

坤道主柔，婦人性情，以溫良為第一著。蓋溫則不至粗暴，良則不至陰險，一家之幸福賴焉。語曰：「家有溫良之母，猶太陽之照臨下土。草木賴以萌芽，百花賴以吐秀，各得其所。」使世人享自然之利益，若主婦性情粗暴，心術陰險，則一家為之不快，譬如狂風暴雨，花草破其傾頹，毫無一點生趣也，故主婦欲家之平安，必養成溫良之德性，無粗暴陰險之風，乃為幸福。

第四：言語和平

和平者，所以表德性之溫良也。凡人家突起忿爭，多由婦言不謹，賈禍招怨，世所恆見。不知以盛氣服人者，人服於一時之盛氣，非心服也，若勢力敵他不住，一反手而報我之禍烈矣，言之不遜，可不慎哉。嘗有一種悍婦，不顧局面，常以惡語觸夫怒，甚至與夫爭鬥叫喊之聲出戶外，或將兒女常事打罵，或將奴婢任意逼喝，又或因一雞一鴨之細故，動輒糊言亂語，與鄰里喧鬧不休。有婦如此，丈夫為之不安，兒女為之不樂，鄰里為之生厭，由是眾目之為悍潑，鄙之為薄福。不特夫家受其玷辱，即娘家亦遭譴責，此等人家，尚能望其興哉？故主婦語言容止，總以和平為貴，即遇有忿怒處，亦宜細心忍耐，溫言出之，一家安慰豈不是好。諺云：「家和福自生」又云：「平安為福」此言雖小萬世不可易也。

第五：居心仁恕

仁者心存寬厚，慈愛於人也，恕者我所不欲，勿加諸人也，主婦之待人，正宜如此，若居心刻薄，只顧自己，不顧他人，只說他人不好，不問自己之好與不好。待奴隸僕婢，橫加苦楚，與肩挑貿易，強佔便宜，都非載福成家之道，且使子女易於看樣，漸成不良之人。故主婦平素須養成仁心恕道，其為福不淺也。

第六：儀容整潔

婦人平素，不在豔服濃莊，臙脂粉黛，只須布衣布服，洗濯乾淨，身手潔清，坐立端莊，無一切懶惰疲痿之態，斯為整潔。若髻髮蓬鬆衣服垢敝，終日倚門伴戶，頹廢不堪。又或在家髮亂頭蓬，一些也不修飾，到出門時，卻又裝得妖妖嬈嬈，花言巧語，做作出許多媚態來。此等婦人，全不替丈夫爭門面，斷無興家之理。故主婦必整潔儀容，使人敬畏，斯可以正家矣。曹大家女誡云：「行違神祇，天則罰之，禮義有愆，夫則薄之。」，又云：「婦所求者，非謂佞媚苟親也。」固莫若專心正色，禮義居潔，耳無淫聽，目不邪視，出無治容，入無廢飾，無聚會群輩，無看視門戶，此則謂專心正色矣。若夫舉動輕脫，視聽傾側，入則亂髮壞形，出則治容作態，視所不當視，觀所不當觀，此謂不能專心正色矣。

第七：早起之益

早起為治家要著，何則？兒童多有早起之癖也，又如役使僕婢，安排庶務，無不宜早。若主婦晏起，則不能教誨兒童，安頓僕婢，將僕婢因而晏起，兒童亦不復早起，馴至日高三丈，一家酣眠，賓客來門，無人接應，成何門戶？且主婦之起晏，就使兒童不晏，僕婢不晏，而家無統率，將兒輩四處嬉游，不管正事，婢僕束手偷安，不務職業，一日之事，去其大半，甚至相率怠荒，漸失物失業之弊，人家若此，其衰敗可立致。不知早起之益，不特益於成家，且益於養身，凡晏起之人，筋肉多薄弱，精神少振作，早起則日氣清明，精神爽快，遇事有一團壯氣。且日光初出，能助生物之發育，若生物不受日光，體幹必弱，譬如背日處之草木，枝葉黃萎，可以驗之，故早起，而受日光得天地之清氣，實健身之一法，富人早起，家必益富，貧人早起必不終貧，主婦尤宜為闔家倡。

第八：規矩次序之習慣

凡事各有規矩次序。順之者成，逆之者敗。婦人尤當謹守。蓋一家之事，錯雜紛陳，日不暇給，苟無一定之規矩次序，將臨急慌忙，必至悮事，就使不悮，而延緩拖擱，遲滞甚多，實非成家之道，須有一定布置，習成慣熟為要有三：

一、預訂時刻。家中應理之件，不可勝數，主婦每日須分配時刻，某時理某業，某時做某事，一一先為算定，臨時竭力整理，方不忙迫，此雖似乎難，行然平素如此習慣，久之自能如常耳，西洋婦女，皆能如此，裨益殊為不淺。

二、器物定在。衣服藏於篋，食器列於廚，固宜有條不亂，其他大小器物，亦須置適宜一定之地，用後即置原處，不得亂雜，若東擺西列，亂雜不一，不特使人生厭，且使兒童隨意堆砌，最足敗壞家規，不可不慎，又桌椅櫈幾等物，每日須打掃潔淨，或自己經手，或呼奴僕，或喚兒童，隨時為之，倘桌上灰揚，椅席塵積，客來坐則污衣，使之站立四顧，主人有何面目，故平時宜常常留心。

三、分職有條。一家之事，均須聽主婦指揮，各命分職，宜井井有條，如兒子數人，其能理某業者，就使幹某業，不可聽其自逸。又不可偏重一兒，專使他兒去做，須就事派匀，使之齊心整理，蓋一律布置，最昭平允，亦免分心之法也。若僕婢某人理何事，某時幹何件，更當預先安排清楚，若安排不先，臨時聽其自為，必至立者立，坐者坐，廢事豈可勝言。

第六章　理財

人莫不喜富惡貧，抑知貧富雖由天定，究由人力之經營。非善於理財，決難望其致富，此固丈夫之事，也然理財雖屬於丈夫，而守財全賴乎內助。蓋丈夫在外經營，惟願多積貲財，興家創業，必主婦嚴謹，善於保守，斯財聚方能成家。若丈夫銖積寸累而聚之，主婦窮奢極慾而耗之，能望其家之成乎？主婦有理財之責任，不可不知也，作理財凡六編：

第一：勤懇

開財之源，莫要於勤。每見赤手成家的人，無所憑藉，惟日夜勤勞不怠，久而遂成巨富者。蓋勞而後能聚財，未有不勞而財為我聚者，此必然之理也。主婦總理內政，萬分不宜惜勞，不特專心紡績，潔齊酒食，無論何事，都要躬親操作，以身先之，為一家之倡。如是下至僕婢，亦可觀摩遷善，尤須用時得法，凡有應為之事，當必為之時，趁此努力做去，則辦事極快，勞苦反少。若輭弱不振，緩一時又緩一時，久之疲玩日甚，頹廢百出，甚至廚下則食物餒敗，腐臭生蟲，堂室則椅桌參差，灰塵山積，器物破壞，隨處散置，衣服垢敝，洗補為難，此等人家，雖與以千萬之財，亦必消受不住。主婦宜及時自醒，勿蹈此種懶弊，古語有云：「大富由命，小富由勤。」誠哉言乎。

第二：儉約

節財之流，莫要於儉，夏禹為一代帝王，尚菲飲食，惡衣服，卑宮室。我輩居家，何苦將錢亂用。每見貧困之子，當有錢時，食愛肥甘，衣愛華飾，遇事求好，浪用不計，及錢件拮据，困苦百端，借貸則呼應不靈，衣物則典當殆盡，勢必流蕩無恥，豈不可哀。想來想去，與其無錢受苦，何如有錢少用，可以成家，可以裕後，那些不好？故治家宜節省浮費，專務儉約，以為家道長久之計。

儉與吝有別，儉者於正用外，不濫用而已，吝則當用不用，與人來往，當贈而故短之，當與而故措之，不知禮義，不辨慈惠，兩手摳緊，笑罵不畏，鄙濁不羞，俗所謂要錢不要臉者也，此等人嫌怨叢集，必至招禍非常，不敗於其身，必敗於其子孫，為主婦者，當知儉與吝之分也。

第三：量入為出

主家計者，必先量一歲或一月之所入，以定所出。若所入尚未可必，或先向人借貸，冀以他日所入償之。倘入不敷借，勢必受困無疑，則量之之法，不可不知也。為法有三：

一、預算。凡事須先算定，況家計乎，惟統計所入，先行通盤打算，如所入只有此數，則將來之出款，不得越此數之範圍，所謂量之之法也。又如某物早辦，可以省錢，某事遲做，可以獲益，急宜用者，於不急時籌之，盡可省者，於未省時決之。一一細心揣摩，胸中默定成算，如裁衣者，先將尺碼扣定，然後動翦無不合法，若不先扣定尺碼，信手裁去，豈能成衣，家計亦正如是。

二、親任。銀錢出入，主婦必親任之。若委之於人，則冗費必多冗費無益之費也，最屬不可，即其人正實，終必生不良之念，暗中私飽，弊竇繁生，殊不可測，及虧欠不符，不得不多記出款名色，以填滿之。是導之陷於罪惡也，故雖富家，主婦必親理出納。

三、簿記。出入不論多少，當隨時登簿，詳細瑣載。無論何時查核，皆得一目了然，又不可支付之後，延久始行簿記，蓋延久必多遺漏，至於失數，日後無從查算，為害不淺。

第四：蓄積須知

凡有家不可無蓄積之念，本身應入之財，盡可贏餘蓄積，或生息，或置產，務須經營竭力以備緩急。若盡所有而悉用之，必至終身無餘，常憂不給。一旦猝遇事變，需錢甚迫，手中匱乏，不得不借貸於人，而財主放債起息，多貪重利。因而不能猝還，日積月累，利上起利，愈欠愈多，不得已，將田地房產典售抵償，遂至一身孑然，皆由不知經營蓄積，其受困豈堪設想。故有餘不論多寡，總以蓄積為良圖，諺云：「常將有日思無日，莫把無時作有時」豈非見道之言。

無錢借貸，固足應一時之急，若負欠不能償還，其逼迫之來，必至陵辱不堪，即幸而免辱，已覺無面見人，且子孫亦受牽制，動畏指摘，稍有釁隙，輒以騙賑名目加之，受害實屬不淺。故成家務知蓄積，若蓄積尚未甚充，不敷應用，甯肯省事少用，得過且過，切勿向人亂借，此為治家總訣。

主婦教育兒女，便要道以謀蓄積之念，一絲一粟，半菽寸縷，務須看得珍重，不輕拋棄。千里之行，始於一步，能少積自能多積，能常積自能久積。孟子曰：「有恆產者有恆心，苟無恆心，放辟邪侈，無不為矣。」恆產者何，常有蓄積也，蓋常有蓄積，不特可以保身成家，且可以濟人作善，故曰：「有恆心也，蓄積之益顧不大哉。」

第五：買置物品

購買物件，關係乎家計者不少，主婦須常體勤儉之意，不宜任意浪費。為要有四：

一、選擇宜慎。應用之物，當各適宜，常供日用者，只求堅固，不求華美，屢須更換者，亦求堅固，不在精工，蓋物之堅固者，便於隨手應用，無須十分加意珍惜。若格外價低之物，不宜貪廉妄購，恐防假冒或缺損也。

二、料理宜先。買物須得其時，加油鹽柴米之類，日不可缺，用之最多，宜俟其價低時，多多預辦，且為時甚暇，任其擇善選精，為益不少。若不先料理，一旦需之甚急，雖比從前貨低十倍，價高十倍者，亦必迫而買之，是之謂無算計，此中受虧，何可勝言，主婦當預先留心，毋致臨期著急。

三、賒欠宜戒。買物宜於現付，不宜賒欠，現買則不論何物，可以得廉價之便，且不論何鋪，可以隨我所欲，此鋪不合，又往彼鋪，此貨不合，又看彼貨，俗云：「貨買三家不吃虧」豈不是實。且現買之主見一定，有錢買之，無則緩之，儘有限制。若恃其鋪主不為較量，任我賒欠，則易購入無用之物，因其來往太熟，不便爭價，其昂貴已不待言。店鋪一定，不便他往，雖貨不如意，亦必姑為遷就。尤可慮者，買時不須現付，勢必隨手檢取，不計多少，及至完帳之期，始覺困難，多因此經受累負債者。故成家之上策，以不賒欠為要著，尤主婦所宜習慣。

四、時價宜考。主婦須知時價之高低。苟茫然不知，則買物之時，或喚奴僕，或托鄰人，難保不以多價欺騙，又或評價不當，易招誹侮。故平素必考求物價，俾知某物價廉可用，某物價高可省，庶用錢尤有限制。

第六：保財十要

人只患無財，然有財而不能保，亦與無財等。人第知緊守之為保，不知亦有放鬆為保者，第知節用之為保，不知亦有不節為保者，取與得失，都有道理，主婦隨時保全，庶家道可久焉。總要有十：

一、婦人存慳吝之見，最為不好，古人云：「刻薄成家，理無久享。」蓋一已儉約蓄積，本是正道。若以慳吝待人，則當與不與，當費不費，是刻薄非儉約也，雖勉強蓄積，亦必惹人嫌怨，大非成家之道，故主婦守已宜約，而待人宜寬。

二、敗家多由爭訟，丈夫與人爭訟，主婦須極力勸阻，斯為美善。若執拗不聽，至於無可挽回，即宜暗地出錢，請人設法和息，既免傷財，又免嘔氣，一時雖似畏避，久後自爾見功。

三、放債取利，必力取方成蓄積，若借者負欠過重，勢難全還，亦當勸夫量減。家有盈餘，少收一些，亦不害事。若十分窮困，至嫁妻鬻子以償者，無論多少，概宜丟棄。

四、嫁女擇佳壻，娶媳求淑女，奩儀何足介意，世之為母者，往往盛備嫁妝，必求十分熱鬧，過費不已。又於嫁後生兒之三朝周歲，備辦極豐，而男家辦理喜筵，亦必十分熱鬧，動擲數百，習為故常，多有從此受虧告窮者。何苦乃爾？今為籌一善法，婚嫁成禮之期，相約會議，除大略應用外，其餘繁費，約計多少，兩家勸成一款，或修道路，或施衣粥，撤無益之費，以為利濟之資，較之盛辦嫁妝喜筵者孰長？此法近人亦有行之者，然行與不行，均聽人家自裁，不過因嫁娶而費多錢，則殊不必耳，為主婦者，所當勘破此弊。

五、徒聚而不知散，究非善道，家既富足，則錢穀之盈餘，用不盡，吃不盡，餘剩不知凡幾，而目睹鄰里之疾病孤寡，十分困苦，誰不傷心。若能暗中以錢穀周濟，我原惠而不費，彼已沾活無窮。此等好事，男子每看不破，全在主婦發此慈悲，曲為勸導。

六、男治外，女治內，主婦不宜干預丈夫之事。若或丈夫在外嫖賭浪費，不務正業，甚至漸耗家資，於此而不先為苦諫，受害將有不可勝言。既當竭力勸阻，不聽，亦必設法攔絕，不宜強為容忍，自命為性格溫柔。

七、有家無人亦沒有趣，如主婦中年尚未得子，即勸夫納妾，妾既生子，便當竭力撫育，以延家運而綿宗祧，萬不可自生妒嫉。

八、人家兄弟不和，多由婦人暗中刁弄，吵分家業，遂致手足成讎，殊非正道，主婦所當破除此弊，妯娌和睦，使之兄弟同心，興家創業。兄弟不和，易招人侮，蓋乘其親身無助也，此等弊病，丈夫最易聳動，全在婦人知醒，斯為幸福，即欲分家，亦宜推多取少，切不可錙銖必較，不肯吃虧，要知明中吃虧，暗中自佔便宜，天理固不負人也。

九、地方義舉，如創興學校，救荒濟貧，造橋修路，皆公共之正事，家用足者，亦宜量力捐輸。若一味慳吝，人將目為守財虜，遇事必排擠之，主婦宜勸丈夫行此公德。又放生一事，亦最善舉，隨時買放尤宜。

十、家中利益之事，雖微細不可忽略，即如蔬菜一項，宜時勤種，蔬菜不足，猶之無米一般。主婦飭令僕俾，多種多栽，其灌水淋糞扯諸件，不可稍疏，朱子家訓云：「園蔬愈珍饈」，蔬菜者一家之旺氣也，若多喂雞鴨，最耗穀米，成家者尤不宜多，惟喂豬利息最好，俗云：「富人靠讀書，貧人靠養豬」此之謂也。以上十要，皆成家必有之義務，遵之則立興，逆之則立敗，且皆切實易行並無難施之事，為主婦者無論何人均當遵守也。

第七章　養老

女子在家事父母，不如出閣後事翁姑責任之重！蓋丈夫多半外出，而翁姑既老，全在主婦奉養，以終餘年。內則云：「婦事舅姑，下氣怡聲，問衣燠寒，疾痛疴癢，而敬抑搔之」，又云：「父母舅姑之命，勿逆勿怠。」大抵人老則身體枯瘦，精力衰頹，取攜不能自主，如草木逢秋凋落，狀殊可憫。為主婦者，能無恤乎？嘗見有一般子婦，其待翁姑，每不如待兒女之親切。如幼兒遺便溺，則忍臭勤洗，老人吐痰涎，則惱厭不堪。幼兒思菓餅，必隨時買來，老人思飲食，則全不計及，幼兒值啼哭，必細意慰撫，老人或詢問，則叱為多心，種種怠慢，逆理傷心。不思人在世間，終日勞苦，原為留貽子孫，圖老來安靜。若我今日怠慢養老，異日兒女，亦必怠慢養我。何也？凡兒女最易看樣，幼時見父母待祖父母如此，已視為故常，不加詫異，且不特其看樣如此，而天道之循環，必使如此報復而後快，此一定之理也。故主婦主持中饋，務當於養老加意，以立兒童孝順之基。然此書先教育，次表率，次理財，而後及養老者，非顛倒其次序也，蓋因其專案之便利而施之，閱者勿誤會也。作養老凡五編：

第一：衣服

人老，則全體就衰，調養之法，當如幼兒。凡事隨時體察，不容稍有錯失也。即如衣服，宜輕暖寬博，富家可用細絹輭綢，否則用綿布亦好，盛熱時，不宜用夏布，夏布雖吸收溼氣，未免冰冷侵膚，似不合宜。且老人垂暮，為子者不可惜費，必為斟酌製好，若老人不愛修飾，則弗背其意，但取合體者以為之衣，冬衣鋪絮，須擇其新鮮者，以極輭為宜。

老人感覺極鈍，寒冷每不自知，侍者當審寒冷之節，以增減其衣服。蓋老人體衰，一受寒暑，最易致病，出外時，衣服宜厚，以極溫暖為度，要之老人衣服，當與小兒同一用心也。

老人視聽日衰，每不自知衣服之污穢，每日穿脫之際，須留心檢點。污者洗之，破者補之，而貼肉之衣，尤宜勤洗。且必俟極乾方用。其褥薦床鋪，亦必常常取換洗晒，如有穢氣，急以楓毬，及各香料薰之。蓋老人之衣服房室不潔，使人生嫌，實家人之恥也。內則云：「冠帶垢，和灰請漱，衣裳垢，和灰請澣，衣裳綻裂，請補綴言。」經禮舅姑之衣服也。

第二：飲食

老人飲食，亦如小兒，宜取滋養多而易消化者，飯宜輭煮，菜宜爛熟。蔬菜宜新鮮，調理之際，最防粗硬，其不嗜者，毋強進也。飲料則溫水、清湯、牛乳、肉汁等類，投其所嗜者進之。酒最無益，嗜之者亦不宜多，茶能破睡，多亦非宜，生冷之類，尤宜慎也。

老人在家時多，各種嗜好，因之而減，除飲食外，無可為樂。故主中饋者，須用心烹調，時進珍味，以得其歡心。雖貧家魚肉常少，亦有新鮮時蔬，最宜口味，調理得法，食之亦甘！內則云：「婦事舅姑，棗栗飴蜜以甘之，滫瀡以滑之。」言調和飲食也。

食物入胃，不經一定時刻，不能消化。而老人終日靜坐，每有停食之虞。故三餐以外，不宜雜進他食。尤須察其身體之強弱，與運動之多寡而斟酌之，視其可進則進，務使無貪禽過度之患。

第三：居住

老人居室，宜南面，或東南面，以日光映射，空氣流通者為佳，凡一舉足，必扶持之。如登樓上階，及他危險之處，不可聽其直往，避之為宜。室中尤宜處處平穩，礙步之物，須隨時檢開。寢室宜閑靜，以夏涼冬暖者為上。老人不能酣睡，必使有起臥優遊之樂，又宜灑掃清潔，夜備便器，日間按時檢點，勿使室中有污臭不潔之氣。寢具必時以香物薰染，俾居之精神快爽。

老人精力既衰，不愛勞動，室內器具，一一為之整齊，使之取攜順便。又出外時少，無以新其眼目，須設佳豔之花卉，及賞心悅目之物，時時交換勿怠，顧而樂之，其足以助身體之康健多矣。

第四：動靜保養

少兒好動，老人不然，大抵厭喧嘩，喜閑靜。飲食起臥，及行步逍遙之時不可逆其意向，然有時十分性急，一呼就要到，一想就要得，於此時，當緩言委婉道之，勿致忙迫不及俟。

老人以少睡為常，宜使之早眠晏起，衾枕氈席各物，都宜輕暖，冬夜以湯婆插入被內最宜，萬不可用烘爐，不特火氣逆上，有礙身體，且恐傾倒生禍，切宜戒之。凡有倦容時，勸其就睡，睡後禁兒童之喧鬧，以能令熟睡為好。

老人身體縱健，亦不宜過勞。然其好決斷好查問之心，雖至老未嘗稍衰，蓋老人磨鍊多年，每不肯遽爾拋棄。宜體察其意，以無損精神身體，使之隨意消遣，亦甚適於衛生。

老人最宜之運動，如培植花草，飼養禽鳥，逍遙古蹟，遊覽名勝。或於春秋佳日，使之徐步園庭景物清新之地，以快其心神，最有大益，在酷暑則早晚行之，嚴冬則日中行之，娛老之妙，莫過於此。

保養精神，人生緊要，況老者乎？蓋其身體頹弱，齒牙脫落，耳目力衰，其歡樂不能複如少壯。為子媳者，或與之閒談，或讀古書，論古事，或嬉弄小兒，遊戲其前，使之自生欣悅。其在嗜文藝者，可招呼朋輩，時為風雅之談，時為詩酒之會，此亦保養精神之一助。

洗浴者，去汙潔身，為衛生切要之事，且得以散血液之集於腦部，及筋肉皮膚間者，並得舒展其筋力之疲勞，使之精神爽健，易於睡眠。內則云：「五日則燂湯請浴，三日具沭，面垢請靧，足垢清洗。」言勤舅姑之洗浴也。主婦宜及時具熱湯請浴，然當嚴寒之時，易觸冷氣，卻以不輕浴為宜。

第五：疾病

老人易致疾病，皆由消化不良所致。平素於其飲食運動，須常加意，以不使過度為宜，蓋年老則全身衰弱，每發病而不自知，須隨時細心體察。一有病容，遷延醫診之，勿使遲緩，致貽後悔。

醫來聽其指揮，毋致失錯，惟老人之性，常恃其一生閱歷，不以疾病介意。有病則以為經過許多，堅不欲醫，且不信近今之新醫法。其難喻，每過於兒童數倍。當此之時，宜令平素親信之人，委婉勸導，出之以至誠，期之以必信，萬不能聽其不醫，亦不可過拂其意。

老人有病，其看護極難，蓋衰年突遇疾病，多有不耐痛苦，動輒生氣。至使子媳問之難問，言之難言，不說太快，即說太遲，種種難狀，不可勝數。須耐煩慰問，感之以至性至情，念茲在茲，毋稍疎忽。又不可因病久生厭，要在始終不怠，使病者安心。

第八章　治病

主婦為闔家之綜理，凡家人罹病，必知其看護之方。不早為察看詳明，則當病症猝投，必至束手無措，甚或罹不測之慘，可不慎哉？雖富貴之家，呼奴喚婢，總不若主婦之察看，有一定之把握，知其緩急也，作治病，凡四編：

第一：看護

所謂主婦宜知看護之方者，凡人通常罹病，多為感冒寒暑與腸胃等病，冒寒暑者，因皮膚柔弱，邪氣易入，故過寒觸熱則發。腸胃病，多原飲食過度，或濫食不消化之物。此等小疾，雖似不甚可恐，然不早為療治，每有易變他症之患。主婦細審其呼吸之緩急，飲食之多寡，一切病症之由來，看他病從何起。可自治者，不難以一二陳方卻之，要在平時領略看病之理，臨症方有把握，此亦治家之要務。若病重，急遣人走迎醫師，將病狀詢問清白，一一達出，切忌慌忙失錯。病者呈痛苦之狀，或有呼號等事，侍之者不必驚惶，宜靜心安慰之。容貌宜愉悅，舉動宜肅穆，弗忤患者之意，若在旁驚惶萬狀，病必增劇矣。

若有罹傳染之病者，先使老幼避之。次移患者於別室，急招良醫治之。聽其指揮，不可失錯。病由傳染，雖極可怖，然不可懷疑懼之心，必振其精神，潔其身體，誠意正心，勿萌邪淫之念，放膽處之，則病者易愈，傳染自少。

第二：擇醫

諺曰：「庸醫殺人」故擇醫不可輕忽，須探問其人之醫學，良與不良，及平日所醫之人，效與不效，審察詳明，信實可用，方以病者托之，又不可輕聽人言，強為更換。然而療法之好歹，猶必由主婦平日於看病用藥之大要，先有心得，方能辨之。故主婦平素，當購備醫書，時常閱看研究，擇醫方有主宰。醫既開方，須體察其用藥之對症與否，若不對，可以另延。不宜擅用己意，加減藥方，若祕密不與商量，大可悞事，切宜戒之。病症中有須過劇之手術如割切開針之類，更宜審慎。此等用法，一有不當，則易傷根，有因之成廢疾者。若審明必須用之，則又不可因循姑息，使醫師不好動手，至貽後悔。須激厲行之，使病者安心受治而愈。又如幼孩，每有不肯診視服藥之弊，多由母氏愛惜太甚，反致貽悞，最宜禁之。

第三：病室

調理病室，須極幽靜，不可有兒童喧譁，賓客談笑，病者最不耐煩也。若屬傳染之病，尤當與家人隔絕為宜。

病室宜面向南，東南次之，宜日光映射，空氣流通之所，然又不可使，病者直觸日光與風氣。遇風寒病室，內常置火爐，使有暖氣，門窗隙風，最易增劇，防備須極細心，夏天燥氣，尤應遠避。室中器物，且須安放整齊，不用之物，置之別室，蓋病人見器物之亂雜，轉生愁悶，若器物齊整，更陳列以書畫花草之類，光彩耀目，使病人望之，自覺爽快，尤可為卻病保神之一助。臥床不可高低，要使病者平正舒展，枕宜長而輭，不可過高，須如病者之意。被褥須輕暖清潔，勿使有一點穢臭，自然神爽。

第四：常備藥物

富貴人家，財力充足，平時多製藥物，以備不時之需，不特應一家之急，且足濟他人之急，所謂方便者此也。每見鄉村貧民，猝遇病症，無力購藥，抑鬱拖斃者，不知凡幾。又瘟疫流行時，勞人旅客，暴觸惡症，措手不及，有頃刻致命者。此等可矜可憐之事，不一而足。有力之家，宜廣采經驗良方，如法多為製造，按時發給又刊刻藥方，廣為傳送，亦屬要著。如此方便，非有力者，斷難勝任。譬如一家之中除食用外，每年可剩一二百金，即以百金作發藥費，尚可贏餘百金，此百金中，不知救許多危急，而我家並不受害。且不惟不受害，而冥冥中必有加倍之利息以償還之。凡好事只患不為耳。若誠實做去，比放帳生息，其利無窮。有斷然不爽者，若貧賤之一戶，無力發藥，遇有猝病無依者，為之尋醫求藥，以奔走應其危急，亦行方便之一法，所謂富人出錢，貧人出力也，而平時於土物之可卻病者，如蘇桿薑蒜及午日辦蒿臭草之類，亦須按時備辦，皆主婦所宜留意也。

治家不可不看醫書，如：「本草備要」，「驗方新編」，「筆花醫鏡」，「白喉症書」，治小兒如：「幼幼集成」，皆切實可行，確有效驗，平時宜各置一部，以便時常看熟。或可不為庸醫所誤，且鄉村僻壤，倉猝不及延醫者，尤可藉行方便。

常備藥物，如痧藥，紅靈丹，通關散，六一散，藿香正氣丸，苦瓜霜，救疫丸之類，皆確實效驗者，藥方附後：

八寶紅靈丹：麝香三錢，明雄黃水飛六錢，馬牙硝一兩，辰砂水飛一兩，礞石四錢硝水煅真，金箔五十小張，梅花冰片三錢，硼砂六錢。以上各味，精選道地，研極細末，瓷瓶裝好，用蠟固封瓶口。專治中寒，中暑，吐瀉，轉筋，霍亂，絞腸，痧氣，胸悶，腹痛，不服水土，四時感觸山嵐瘴氣，猝中惡忤，痰涎壅塞，不省人事，每服一分，開水送下，另用少許吹入鼻中，能安魂定魄，散鬱解悶。並治無名腫毒，癰疽發背，蛇蠍諸毒，跌打損傷，湯火燙傷，疔瘡用陳醋調搽患處。小兒疳瘡，冷茶調搽患處忌發物。時癘瘟疫，點眼角，男左女右，服一分，蓋被出汗，小兒急驚風服一分，開水送下。瘡癤不能收口將藥摻於患處，用膏藥貼上拔毒生肌。以上諸症，屢試屢驗，常帶於身，不染時氣，孕婦忌服。塘棲痧藥，一名平安萬應丸：茅山蒼術米泔水浸輭切片焙乾三兩，公丁香六錢，當門麝香四錢，沈香落水一兩，蟾酥一兩二錢，甘草去皮炒一兩四錢，大黃切片焙乾六兩，明天麻切片焙乾三兩六錢，西麻黃去節細挫三兩六錢，雄黃研細水飛三兩六錢，辰砂研細水飛，三兩六錢，廣木香一兩，共研細末，糯米漿水為丸，如半綠豆大，朱砂為衣，磁瓶裝貯，以蠟封口，不可洩氣，每服七丸，日久味薄者，可加倍服。

一、治瀉痢寒暑，痧脹肚疼，頭眩眼黑，開水送下七丸。若痧脹甚重，絞腸肚痛，心口閉悶，急研三丸吹鼻內，再以三丸放舌上，俟微麻咽下。不愈再用，若昏迷不省，研末溫水灌下。

一、山嵐瘴氣夏月途行，口含三丸，免觸邪疫。

一、感冒、風寒、頭痛，胃痛，氣痛腹脹，風痰等症，以三丸放舌上，微麻咽下。

一、癰疽：疔瘡、蟲蠍諸蟲咬傷，數丸研末，好酒調敷。

一、小兒急驚風，牙關緊閉，研四五丸吹入鼻內，隨以三丸溫水調灌，若慢驚風，萬不可服。

一、跌打至死，及驚死，魘魅，痰厥，冷厥等症，急研數丸，吹鼻灌口，可望複醒，遇自縊之人，勿割斷繩，解下，研數丸吹鼻內，胸口有微氣皆可活也。

通開散：細辛六錢，皂角六錢，生半夏四錢，研細末，瓷瓶裝貯，凡感冒寒暑一切疫氣，隨取少許，入鼻取嚏。

六一散：滑石水飛淨六兩，甘草一兩，研細末，每服三四錢，涼水調下，治中暑口，渴煩躁，小便不通，瀉痢熟瘧，霍亂吐瀉等症。

藿香正氣散：藿香二錢，白芷，桔梗，制半夏，紫蘇，焦木，大腹皮，川朴薑汁炒，陳皮，茯苓各一錢，炙甘草五分，薑一片，棗三枚，煎服。如為丸，加重份量，去薑棗，研末，淨水和勻。每丸如梧子大，治外感風寒，內傷飲食，熟嘔逆，頭痛胸悶，咳嗽氣喘，傷濕，瘧疾，霍亂，吐瀉各項痧症，及四時山嵐不正之氣，不服水土，不和脾胃等症。

瓜霜散：喉科吹藥，瓜霜一兩，人中白一錢火煆，辰砂二錢，雄精二分，冰片一錢，研極細末，再乳無聲，瓷瓶緊閉。凡白喉急症，吹入喉內，如不效，連吹十數次，神效。若非白喉，必去雄精，一切喉風之症，均可吹之，平時於此藥，須製兩種為宜。附製西瓜霜法：

一、西瓜宜於遲買，五六七月，天熱易壞，且瓜嫩力薄，待至九十月間，瓜老結實，方可取用，用時，將西瓜剜去薄蓋，瓜肉瓜子剜盡，僅存瓜白青皮，將皮硝灌入，約半瓜許，推滾數周使內硝融洽，仍合上薄蓋，裝入篾籃，懸掛空處，下用瓦鋼或瓷盆，接其滴水，滴下者亦可成霜，切勿拋棄。

二、掛空宜臨風不可觸日冒雨，恐其朽壞生蟲，用稀布舊紗等遮蔽，免蚊蠅侵蝕，待風吹透，瓜面上起有白霜，刷下即是。

三、尋常皮硝，恐不潔淨，惟向藥肆買元明粉，即是製淨皮硝，價雖較昂，成霜甚易，並免折耗。

四、成霜不嫌遲，愈冷愈妙，弗因無霜而棄之，待到冬寒時候，將皮殼向陽曬掛，仍可得霜，如結塊成餅，研細篩取。

五、製造宜擇吉，未日戌日忌用，配合時，誠意正心，勿令婦女窺見，總以潔淨精微為主

六、不必拘定西瓜，南方災熱，九十月間，市肆西瓜，所存無幾，且價值甚昂，購制不易，惟有用苦瓜代之，苦瓜一種，隨意皆有，本草所謂錦荔枝也，夏末秋初，選取苦瓜之肥壯長大，尚未極黃者，製法與西瓜同，數日即能成霜，將霜刷下，其瓜不必抛棄，可刷三、四次，以取至無霜為率，其效驗更神於西瓜霜也，價廉而功大，取易而用宏，亦何憚而不為哉。

湯火藥：借用生地榆曬乾為末，以香油調搽，不愈多搽，實湯火之聖藥。又采臘梅花泡茶油，亦效。家有小孩，所宜預備，又桂圓核，去光皮，研末，麻油調敷，治湯火亦佳，若刀傷流血，敷之尤能止血。

七厘散：上朱砂水飛淨一錢二分，真麝香一分二厘，梅花冰片一分二厘，淨乳香錢半，紅花錢半，明沒藥錢半，瓜兒備渴一兩，粉口兒茶二錢四分。上藥精選道地，五月五日午時，為極細末，磁瓶收貯，黃蠟封口，貯久更妙。每服七厘，不可多服，孕婦忌服。專治金鎗跌打損傷，骨斷筋折，血流不止，先以藥七厘燒酒沖服，復用藥以燒酒調敷傷處，如金刀傷重，或食嗓割斷，不須雞皮包紮，急用此藥乾糝，定痛止血，立時見效。並治一切無名腫毒，亦用前法調敷，此方治鬥毆諸傷，無不立手應效。

凡受傷時，或倉猝無藥，僻處無醫，多有傷輕變重，因之致命者，地方官平時虔製此藥，遇驗傷，隨時施用，不特傷輕者立愈，即重亦可救，實陰德無量也。

救疫丸：藿香二兩五錢，細辛三兩五錢，牙皂三兩五錢，木香二兩，桔梗二兩，法夏二兩，防風二兩，蘇葉二兩，貫眾二兩，陳皮二兩，朱砂二兩五錢，雄黃二兩五錢、枯礬七錢五分，薄荷二兩，甘草二兩。上藥揀選精良，須曬極乾，共研細末，淨水為丸，如黍米大，裝入磁瓶，勿令洩氣。

專治一切時疫，各種急痧，中暑中風，傷寒傷熱，胸悶氣急，頭痛肚痛，昏眩厥逆，霍亂吐瀉，腹脹水瀉，紅白痢疾，觸感四時不正之氣。每服壹錢，病重加倍，小兒減半，孕婦不忌。研末搐鼻，能祛疫毒。又有一種急症，起時脈散牙緊，手足麻木，閉目不語。此症最險，俗名爛喉痧，無論男女老幼，先用此丸三分研末搐鼻，再以一錢或錢半，用井河水煎降香一錢，將此湯送下，服藥後，細看心口背心兩處，見有紅點發出，即用銀針挑破，內有紅筋挑出，可保無虞。

以上各方，皆屢試屢驗，應效如神，歲時虔心配製，廣為施送，功德無窮。若瘟疫流行之時，應急扶危，尤為切要。雖其中間有一二昂貴之藥，需費頗多，而在有錢力之家，何難購備，大抵人情凡事只求利己，不顧利人，一則惜費而病其傷財，一則惡勞而憚其費力，總以利屬他人，與自己無關痛養，從不肯捐絲粟之力，施濟於人不知此等好事，只患不做，若實心做去，不徒與人方便，亦正與自己方便也。茲錄其方之切實可用者於此，其他良方甚多，不能備錄，尤在好義者之廣采博施焉。

第九章　衛生

衛生者，保衛其生理也。人各其此生理，不得其保衛之道，將身羸體弱，常為疾病侵尋，甚至元氣斷喪，種種敗裂，豈不可惜。況一家之中，食繁人眾，不得一總理衛生之任者，為之提倡，則家人之生機，終難舒暢。大抵家以平安為福，縱令富貴逸豫，苟有一人病臥呻吟，則一家歡樂為主頓減，欣喜和樂之家庭，忽變為闇淡悲淒之景況，不尤可歎乎。若一家康健，則雖遇困苦之事，而精神暢旺，自能耐艱苦，免禍災。故主婦於衛生之道，不可不講也。古諺曰：「衛生成於一家之庖廚」誠非虛語，歷觀古來世家長久者，男子須講求耕讀二事，婦女須講求紡績酒食二事。詩、斯干章，言帝王居室之事，而女子重在酒食是議。易、家人卦，以二爻為主，重在中饋。禮內則一篇、言酒食者居半。皆主婦衛生之要道也。作衛生，凡十三編：

第一：光線之要

光線者，人身常愛日光也。人若居卑下黑暗之室，出外不多，則氣血凝滯，精力委頓，面色蒼白，豈養生之善道。日光者，乃照臨下土之光曜，最足以發舒鬱氣，人受之則周身暢適，鬱抑變為光明，獲益良非淺鮮。且日光不僅益於人生，凡物之動植者，無不賴以滋生長育，植物受日光最盛，則花葉暢茂，結果必充，而受日光少者反是，試觀背日曬之花木，大抵黃萎枯瘠，不能結實。即此可以驗之，西人最重日光，惟出外，雖盛夏必戴帽，不使頭目受光熱，亦自有理。

第二：空氣之要

空氣者，空中流通之氣也。人身不能瞬息相離，其入人身者，自鼻孔達咽喉，經氣管而入肺，由氣胞以運行全身，增其血液，破其積滯，變陳血為新血，再環於全身，助各部之營養，無異於食物入胃，滋養人身。故空氣不潔，其害營養，亦無異粗惡食物之害胃，顧肺臟以吸取新氣，吐出舊氣為務，是之謂內呼吸。此外又有外呼吸者，則全身皮膚，亦為新陳代謝之作用是也。大抵空氣有清濁之分，山川草木之鬱積而吐出者為清氣，人得之，血輸轉運，全體充滿，滯塞者賴之以通，污濁者賴之以潔，氣機鼓鑄，筋骨卷舒，其受用不可究詰。若夫沮洳垢汙之場，發出者為濁氣，其中含有毒質，人觸之，則血液污敗，精力羸弱，至罹癱瘡及肺病胃病等不治之證。不見夫魚之在清流者其肉甘，在濁流者其肉臭乎，是故貧民群居房，房屋矮小，穢臭逼處，常呼吸污濁空氣，其人大半陋劣，清氣毫無，且多罹不正之疾，皆其驗也。然則空氣之宜知所趨避也，可不審乎！

第三：土地之要

土地亦大有關於衛生，極須慎重。如居宅方向，宜面南，或東南，地位宜高敞，忌卑溼，宜樹木鬱蒼之境，忌原野空曠之場。前後無濃密樹竹，及土質不甚堅硬者，決不可營築宮室。且飲水求其清潔，柴樹足供樵採，氣候得其溫和，出入極其方便，留心斟酌四者不可缺一。若地氣潮溼，或鄰近有瀦水穢潦，則空氣溫度，因之而腐，將各種微生微菌毒氣，繁殖其間。人受之，最易生疾，如：傷寒、霍亂、赤痢以及結核病之類，多由土地之毒鬱所致，是以西園都府，近世排泄污水之法，最精最詳。故道路及房屋地盤，築造極為堅潔。入其境，入其室，光明清穆，全無一點塵穢，一絲浸溼，病疫遂以頓少，人皆健爽異常，實其明驗也徽音眉，物中久雨所致，菌音窘，眾聲鬱積競出之貌，皆微蟲之感溼氣而生者，實毒物也。

第四：運動之要

運動肢體，以伸縮筋肉，有促血液循環之益，筋肉之伸縮益急，血液之運行益速，血液之運行益速，心臟之作用，亦隨之而速。如此則脾胃之消化，周身之補益，亦必加速故運動之妙，受益原無窮盡。每飯之後，能行走數千步，則穀食易於消化，血脈更覺流通。又每日久坐之時，或精神困倦之候，忽而週行庭宇，忽而游眺林園，舉動自由，隨其所適，常常如此，則百病自除，身體自健，精力自充。若長此坐臥，不愛運動，血液之運行既緩，食物之停滯更多，肺心二臟，及筋絡諸機關，皆不得其活潑之作用，必至身心衰弱，及罹不消化之疾，不可不省也。

運動之妙，無論男女老幼，皆所當知，小兒常動，則生氣益暢，發育無窮。老人能動，則飲食易消，精神不敗。若婦人受孕，時常運動，則臨產快便，生子靈明，此中受益，實有不可言喻者，亦家政之明訓也，主婦宜常以此開道其家人。

第五：潔身之要

清潔身體，非裝美服節之謂，勤洗浴之謂也，顯潔身不惟有益健康，且使人發爽快之感，蓋人身之皮膚，有無數血管細孔，常排泄血液中之敗物於體外，故皮膚不潔，塵垢堆積，則管孔閉塞，不能排去血中污物，致血液不純，為疾病之原因，平時罹風邪者，固由冒寒所致，而由於身體不潔者甚多。故西人以勤洗浴為保身之上策，其育小兒，及養老人，均有鄭重洗浴之法，不可不細思其故也。

第六：用水之要

孟子曰：「民非水火不生活」水也者，所以運行周身血絡也，蓋人體之構造，井水不能全生理之作用，何也，水性流動，善溶解凝滯之食物，輸送養分於全體各部，凡筋絡之循環通暢者，皆水之力也。顧食物自口入胃，依水為作用，變食物為流動體，進入血液中，血中水分，配輸此滋養質入各部，水清，則各部之脂膏亦清，水濁，則各部之脂膏亦濁，濁則真精必耗，靈氣不舒，一變而百病生矣。故用水不可不慣也，蓋水有各種之不同，莫不含有多少雜物，純淨澄明者恆少。最汙者，為街市圜近之井水，統各處穢物，聚混其中，飲之，必生一切惡疾，且有因之致斃者，此而不慎，是自蹙其生機也。惟鄉里澗水，泉水最潔清而無害，其次為河水，以其流動不滯也，若遇通常井水，明知其中不淨者，必不得已，須設法澄清之，而後可用，法有簡便者三：

淨過。用明礬或雄黃，及夏天用石菖蒲貫眾蒜頭之類，浸入缸內，雖極泥混之水，立時澄清，且能拔去一切毒氣。

二、濾過。凡濾水，需取極細之沙，或木炭細屑亦佳，置密籮內，沙愈厚愈妙，又或用毛布海綿等，籮下置受水器，使水從籮內流下，水內微蟲，及各種雜質，皆為所隔，再將流下之水，澄清而後用之。

三、沸過。尋常所用之水，如以顯微鏡看之，則見有無數微蟲，游泳其中，烹水至沸，含物立化，是以沸過之水，鮮受蟲害。且水至沸，能令一切雜質，自然墜於水底，故未沸之冷水，不可混飲。

盛水於鋼，置之室內，數時後，吸取室中腐穢之氣，水遂化為不潔，過一二天，便變臭矣。此等積久之水，含有毒氣，飲之必然生病。懶惰之流，因循惜力，憚於換水，每罹此毒而不自覺，殊失衛生之道。故每日宜汲取新水飲之，味清而神爽，益於滋養不少矣。

第七：飲食

飲食，宜用補養多而易消化者，食物於人，關係最密，諺不云乎，病從口入，雖身體健全，苟暴食豪飲，不知節嗇，只顧目前之貪求，不計後來之傷毀必致暗生蟲疾，至難療治。夫飲食本生人之大慾，烹調珍味，亦養生娛樂之一端。若遽從節嗇，未免不近人情，但須適可而止。即極嗜之物，亦不宜飽之過量，此衛生之總訣也。若在兒童，尤宜慎戒。且食必有定時。每日三餐，不早不遲，則胃中易於消化。若多食他物以雜之，胃腑消化過勞，脾氣必至受損，因之停滞，最害健康。又或食後凝坐不動，則為害更烈皆主婦所宜提醒也。

第八：酒

酒為人所易嗜，其有損於人之健康者，不知凡幾。酒之性質。其一，損筋肉之組織，減活動之力量；其二，暴亂性情。沮喪元氣。其三，柔輭筋骨，使人神昏志倦，廢事失業。若飲量過大，長此不休，久之，必至損胃爍精，動火生痰，振作之氣，於焉頹喪。且有皮肉漸形浮腫，暗生溼熱諸病，至於不治者。人何苦自投悲境哉！然欲遽然禁之，亦最難行之事。第嗜之者，能知節飲，不至過多亂性，猶為善美。孔子曰：「不為酒困，節飲之謂也，禁之不飲，則全善矣。」惟婦人斷不可嗜，婦人嗜酒，傷體尤烈，倘至亂性，則敗德何可勝言，非特自己宜戒，即平時教育兒女，便當發明酒害，堅戒毋飲，幼時習定，長大自無貪酒之虞，亦衛生之緊要也。

然而造酒之法，主婦亦不可不知。蓋一家之中，賓客往來，以及歲時伏臘，宴集無常，若陳列無酒，亦不足以通情愫，而道款洽，蓋禁已之不飲，不能禁人之不飲也，故一家仍不能不造酒，以為餐賓之需。造酒之時，身手宜潔清，暖冷須斟酌，製法甚備，全在主婦細心經理，歸於美善，若主婦不知造酒，而徒委之奴僕，斷難求美酒也。古人論婦職曰：「惟酒食是議」即此意歟。

第九：煙茶

嗜煙之風，到處當然，近來少年尤甚，煙之為物，無論何種，含有一種毒質，能命腦減靈機，胃不消化，口津變臭，血質變壞，有害養生。教育兒女時，宜急禁之。若鴉片之毒害，更不勝言，一入此門，英雄變為殘弱，強壯變為疲頑，無論貴賤人家，均當一律嚴禁。又如茶葉咖啡，皆日需之飲料，其性亦主消耗，有損胃經之作用，弊猶與煙酒等，多飲亦非所宜，隨時慎重為要。

第十：須知

供膳之物，或供常食，或宴客賓，無論家計富貧，一肉一蔬，一菓一菽，調治得宜，食之自然愉快，亦養生之要務，治家之良圖也。主婦綜持內政，須一一親手檢點，其分別不可不知也，約舉十類於左：

一、谷菽類

穀類。如粳米粳乃稻之總名，補脾清肺，糯米，溫補，性黏滯病人小兒不宜。穀芽，健脾消食。大麥芽，行氣消積，小麥，養心除煩。黍稷，益氣和中。粟，補腎。喬麥，利腸解積，大抵皆以精熟為宜。菽類，如黑大豆，補腎解毒。赤小豆，行水散血，然滲津液，久服令人枯瘦。

綠豆，清熱解毒，利便消渴。白扁豆，補脾，除溼，消暑。淡豆豉，發汗解肌，治傷寒，以之和羹生鮮味。惟菽類消化稍鈍，胃弱者斟酌用之，煮須極熟，乃能消化。

二、蔬菜類

蔬菜之肥養人身，其功過於食肉，故鄉農體強力果（充足也），大半茹蔬食糲之人，朱氏家訓云：「飲食約而精園蔬愈珍饈，雖山珍海錯，杯盤狼籍，而無蔬菜佐之，亦鮮至味。」大抵蔬菜以新鮮生嫩為美，四時各有適口之品，如：蘿蔔，寬中化痰，生食升氣，熟食降氣，其子亦破痰降氣。蕪菁，利火明目。馬齒莧，瀉熱散毒。冬瓜，瀉熱利便，消水腫，其子補肝明目。絲瓜，瀉熱解毒，宣通經絡。茄子，散血寬腸。百合，潤肺止嗽。薤，助陽散血。蔥，發表和裡。薑，散寒正氣，解郁暢胃。蒜，通竅開胃，其氣薰臭，多食，耗血散氣，損日昏神。芋，溫補，多食滯氣。白藷薯蕷即山藥。補脾化痰，益腎。芥，溫中開胃。凡此種類，日用所需，順時烹調，益人無盡。平日蒔蔬，主婦須嚴督僕役，勤懇用力，蔬菜之豐歉，足驗一家之盛衰也。

三、果實類

大棗，補脾胃，潤心肺，杏仁，潤燥瀉肺，去皮尖，炒研成粉，泡服，最佳。梨，潤腸瀉火，生者清六腑之熱，熟者滋五臟之陰，實火宜生，虛火宜熟。橄欖，清咽生津。菱角，解暑止渴。芡實，補脾濇精。蓮子，補脾固精。梅子，生津止渴，枇杷，瀉肺降火。龍眼肉，養心補血，治思慮勞傷及腸紅。荔枝，甘濇（微寒也），而溫入肝腎。落花生，補脾潤。橘柚，清心化痰。桃李雖佳，不宜多食。西瓜，甜瓜，解暑利便，人多啖之。凡啖果食適度，頗助營養，益消化，然啖之過多，則損腸胃至泄瀉，蓋多食生冷，傷脾助溼，殊非所宜，當吐瀉病流行之時，尤宜慎之。

四、肉類

肉能補血，其味清鮮，而滋腸胃，生精液，豐肌體，固其所也。食之亦以適度為宜。豬肉，能通肺臟，引經絡。雞，補虛溫中，烏骨者尤良，蓋雞屬木，黑屬水，得水木之精氣，極益肝腎，補虛勞。鴨，滋陰補虛，白毛烏骨者，為虛勞聖藥，均以年久者為上。羊，補虛勞，益氣血。大抵皆含有一種滋養質，調和以煮至爛熟為宜。

五、魚類

蟹能解鬱，蛤能滋陰，皆美品也。若魚類別。鯽能補肚和胃，鯉，能下水利便，種種佳妙，不可勝言。無論何魚，大抵以新鮮活動為上，調理最宜清蒸，鹽醬薑蔥之佐，缺一不可。諺云：「多食鮮魚，可蓄生育」極有實驗，故家有池塘，以多畜魚為要。

六、鹽醬類

各種食品，皆少鹹酸之味，故必助以鹽醬，始能適口，而助消化液之發出焉。主婦極須講究作小菜，如：腐乳，醬油，醬菜，好醋，鹽薑，醃菜之類。蓋五味調和，具有至味，人家無此等備辦，便失興旺氣象，尤主婦之羞也。

七、香料類

香料，有益於增長食量，常用者，如胡椒，辣椒，花椒，生薑，芥末，丁香，茴香，桂皮，等類，皆家中所不可不備。然此等物，雖為開味爽口之良佐，而其性質之激烈，亦甚有害於人身。試將芥末和水成漿，貼於皮膚，不久變紅，稍久有發水泡者，又將胡椒末少許，誤入眼中，眼必大痛，發炎發紅，故知食此等物，必合胃內發炎發紅，多食尤火氣逆上，及發眩暈等疾，須斟酌慎用。

八、煎炒類

食味出之煎炒，固甚適口，然煎炒務在生嫩，不宜過熟，食之甚難消化，其熱毒母入胃入血，每發癰疽腸痣等證，故食物以清潤易化為主。然調和之際，雖不能無煎炒一門，要須適中而止。若偏於鹹酸辛烈，終必有損於心身，益以煎炒，則其熱毒更甚，非滋生之要也。

九、卵類

食卵亦最有益，禽鳥之卵，利於營養，消化尤速。雞卵，鎮心安五臟，益氣補血，清咽開音，故各國多以雞卵為常食。禽鴨卵能滋陰，除心腹隔熱，鹽藏食良，惟蛋久煮，黃白戀硬，難以消化，以熟而質嫩為宜。

十、果品類

果品非日用必需之物，尋常隨時應用，亦家中不可不有之數。西洋品，以香味酸味果實等成之，有益於滋生，中國所製，糖蜜過多，食之猝難消化，且日時雜食，有礙飯量，於脾胃更多凝滯，惟賓客談笑之間，亦須藉以為茶酒歡娛之佐，其究以不輕用為是，若小兒尤非所宜也。

第十一、飲食調理法

調理之法，須立食單，凡常食與宴客，均須用之。蓋先選定食品，彙成一單，以便配合調理者也，雖富貴之家，不乏庖宰，而主婦亦當躬自指揮，預先算定用費，選定各種食品，鹽醬蔥椒，各得其宜，則烹者可無亂雜之虞，食者自生愉快之念。凡宴賓客，宜隨賓客之身位，配合各種之濃厚淡泊。又須相土地氣候之寒暖，更換適宜，如炎熱之候，宜淡泊而清涼，寒冷之時，宜濃厚而溫暖，逐一選定，彙成一單，然後授之庖廚，而價值豐嗇，在我主持，較之聽庖廚之指揮，則極善矣。若夫平日常食，無須美觀，只擇價廉而易消化者，惟配合調理，及所盛器具，均須清潔得宜，斯足滋人補養，快人心意。雖家計饒裕，若常供美味，必致驕奢淫佚，不顧他人之饑寒，且於衛生修身之道，皆不相叶（和洽也），然過於吝嗇，不問營養之益否，概施以粗糲極濁之食，亦非王道。此皆主婦所宜斟酌持平，能自入廚調理更善。蓋主中饋，議酒食，本婦人職業也，亦須彙有食單，臨時照單施行，方不忙迫，此等料理，俱非可以委之他人者也。大凡飲食之美善，在五味之調和，否則珍饈肥美，苟調和失宜，尚不及野蔬之清爽，如得其宜，雖蘋蘩蘊藻，亦可以宴尊客矣。

第十二、收藏法

收藏食物，使之經久，亦治家之要務。近世熱力撲滅黴菌之法，發明以來，凡物欲久收藏，其法，先煮沸之，後遏抑空氣之侵入，裝入罈中，密閉其口，則黴菌之萌芽，無從竄入。又有可用鹽藏者，如魚肉之類，用鹽擦透，亦能經久不腐黴菌乃腐氣所生之微蟲，上文已詳言之。藏蔬菜，有乾收，及鹽醃，糖醃，鹽豉醃等法：然欲經久如新，莫如用鹽擦醃，曬至極乾，入罈緊封之。又芋藷蘿蔔之類，可深掘屋下暗窖，埋藏之，得以不腐。

米中放螃蟹殼，日久不生蟲。梨，用蘿蔔隔開小者整用，大者切開用，勿使相著，以竹簍收藏，忌木器，經年不壞。橙橘以綠豆拌收，亦可經久。

藏卵，先以冷水洗淨殼上塵垢，蓋外殼不潔，易致內部腐敗，去垢之後，亮乾水氣，用黃泥調鹽，塗包卵殼，則鹽分浸入，可防腐敗。又用極淨之，水煮沸之，撒鹽於內，隨時以卵浸其中，亦同一鹽藏之法。

收皮衣服，宜用樟腦片，包裹聚密，須三四月，天氣晴明，乾燥，地無潮氣，曬透，候冷，收箱，加樟腦藏皮箱內，不使透風，五月黃霉，不宜開看。又或用旱煙葉亦可，須曬乾隔紙放，否則恐混煙油於衣中，然不及樟腦之佳

第十三：衣服

衣服在保持體溫，及防杜外物之激刺，並增助儀容風采，宜擇其適於身分者用之，要使衛生與修容，兩得其當。時之寒冷，服之厚薄，在隨時斟酌耳，為要有六：

一、材料

材料，原有多種，舉其總目，則有棉布、夏布、絲綢各類。棉布，人家通常用之。其質濕暖，不問寒暑，適於保持身體，且吸收溼氣，其價廉，其製易，各家可以自造，服時可已經久，誠材料之美品也。近來布物專講豔色，市肆販買之貨，全是外觀，毫不經久，故婦女能自勤紡織，則所用皆堅實寬厚之品，勝於市貸多矣。

夏布，傳熱之力，勝於棉布，且吸收溼氣，及蒸發之力亦大。夏天服之，不惟適於健康，使人爽快，且為價亦廉，貧家亦可備辦。

絲綢，衣料中美而極貴者也，其質輕輭，細膩，近來蘇杭製造，愈出愈奇，價值愈增愈貴，非富貴之家，難以言此，然而儉樸者，固亦不輕用也。

衣服之於人，有尤其色之異，而大生寒熱之差者，如：黑色，則暖於白色。何也？白色反射日光，而黑色不然也。今依顏色之別，而考其寒熱之度，則黑色最暖，青色次之，綠色黃色又次之，白色最涼。故夏天之衣宜白，而冬衣則宜於黑色青色，是以西人冬衣皆黑，夏衣皙白，其意良可味也。

二、裁製

裁製衣服，皆婦女當務之急，所謂婦功者，即此類也，須自幼習熟，方不至失算誤事。學裁製法，先在講明尺寸，某衣須材料多少，某處可節省遷就，默定成算，後將各種裁法，再仿倣之，要在不過費材料，適於身體，不致緊束障礙，斯為得法。至於幼兒友服，往往裁製失宜，穿時許多妨礙，尤所必知，蓋主婦知裁製之法，即不自裁，亦可由我指揮布置，不至任裁工之信手馬虎也。

三、稱體

裁製不在過於合時，惟在善於稱體。近來風俗日奢，少年衣服，恆多格外生新，無窮巧樣，全不是正經態度，殊屬傷風敗俗，子弟萬不可命其沾染，一切異常新樣，概不准施（使用也）。

又凡少女之性，好服華美，專講時樣，故意趨於新奇，實則傷財過費，抑思時樣之來，原無窮盡，此樣方製，而彼樣又出矣，今年才製而明年又換矣，家資幾何？能任其更換哉。惟遵平正之式，無論時樣新奇，一以稱體為度，可久可暫，宜古宜今，任花樣之層出，而守吾故態，不見異而思遷，此中既有定見，可換者換之，不換亦聽之，非成家之善道哉！主婦所宜拏定此心，以矯兒女厭故喜新之弊。

四、輕便

人每以衣服之厚重為溫暖，是大不然，肢體之溫暖，尤其滋養篤厚，保有空氣之多，故衣服與其重而厚，毋甯輕而勻。凡冬衣鋪綿，須擇極細極新之綿絨，鋪得極勻極淨，俾四肢活動，其過於堆重者多矣。

五、寬博

衣服之寬博，比緊束者極為活潑，中國前時，貼身之衣，過於寬博，冬天亦殊不暖。近來時樣袖筒極細，腰身極小，過於綑緊，均非所宜。惟在酌中，寧肯稍微寬博，不宜十分束緊，亦衛生之要也。

六、保存之要

保者，保之勿壞也，存者，存之勿棄也。無論何物，保存得宜，皆能歷久，而衣服尤宜，夫衣服之於人，須臾不可離，故整頓之良否，其益於衛生不少。且保存之事，為婦女之專職，女子須自幼時，學其用心整頓之法，不可染嬾之習，以至於沒有收檢也。

保存衣服之要，如汙者洗之，色褪者染之褪色謝也，破綻者補之，非時者藏之非時者如夏時不用冬衣，冬時不用夏衣也，舊新交代之，長短配合之，此等職務，男子全不干預，皆婦女所宜講究也。

十四、居宅

居不可無宅，猶身不可無衣，不特賴以禦寒暑，蔽風雨已也。一家之所以團欒共用此安樂者，肯室廬之所維繫也。況家中終日在外從事職務之人，不可不慰以居室愉快之樂。是以卜宅者，宜按家計經營起居，如庭園之風趣，室中之裝點，器物之配置，亦不可不留意調度，使之有次序，而清潔肅穆也。且夫一鄉一邑之中，房屋櫛比而居者，能寬宏壯麗，不特表一鄉一邑之強盛，且以表一國之強盛。是故居室壯麗，非特益於家庭，亦所以代表國家之威儀也。此蓋從其居室之大者言之，然而家有貧富之不齊，何能概以此等過望，要在稱家之有無，各適其宜而已，為要有十一：

一、空氣方向

空氣之裨益於人，前已論之，然室內亦須有流通之清氣，大抵宜擇地位高燥，地勢開豁，又有樹木濃密之地。蓋樹木吸取天地雨露之菁華，吐出來便是清氣，人得之最有益於肢體。屋之前後，有樹者固宜添種，無樹者急宜多種，皆開通空氣之作用也。

方向以面南為最，東南西南次之，然其西北若有森林可禦風雨者亦佳，蓋所擇方向，宜取日方之映射，使室光明快爽，瑩澈異常，琴書增輝，椅席生色，自能培養精神，發舒抑鬱。故居幽晴之室，而受日光不足者，其人多神氣沮喪，是方向與空氣，須兩兩注意也。

二、地質

地質成於砂石巖石等者，土皆堅厚，最宜衛生，若低下或近於沿澤之地，極為有害，又污水集聚之處，釀生毒氣，人呼吸之，易生疾病。如：瘧疾、赤痢、傷寒、霍亂等症，多因於此，故開通池沼，排泄水道之法，不可不知。

三、屋式

屋式各種不同，宜先通籌全局，以適於居住之方便為宜，如已不甚詳明，須與屋工仔細商量，或仿照他家已成之模樣，擇其如意者用之，必通知其大略，心中已有成算，然後興工，方不臨期失措。

四、木料

木料以杉木為易購，其體質最能耐久，不畏風蟻之蝕傷，而柞木、株木、檀木、綢木之類，皆極堅實，而能經久者，惟不如杉木之易得，然作門窗柱梁等物，則此類為宜，餘只宜用杉木，極不可用者松木，松木最易蟲蛀，皆造屋所宜知也。

五、地板

屋中能設地板最好，須擇厚而幹堅而實者用之，距地須尺許，地板高，可防溼氣之上升，不特利於人身，且保器物不至朽蠹，又板下須設有空穴，便通空氣，至寒氣過甚之地，地板有用至數層者。

六、壁

壁不堅厚，則屋亦不堅固，能通用炙甎固好，否則用土甎，亦須厚而寬。惟壁腳三、四尺，則泥甎萬不可用，或用條石，或築灰沙，縱小亦須炙甎雙砌，此建屋之要著也。

七、形式之配合

形式之配合，須方圓斜角，及長短大小高低，各各相對，而位置得宜，然配方必以圓，對匾平必以長平，亦未免拘泥太甚，要在得天然之形式，合元妙之意趣。又屋前出入大路，宜紆迴曲折，忌直沖，下手須長過上手，所謂青龍宜長，白虎宜縮也。照面水宜入懷，忌斜飛直去，此又建室者所必知也。

八、庭園

屋前後不可無庭園，不特便於家計，亦且便於遊覽。閒庭可以散步，園林可以怡神，或蒔時蔬，或植花果，或娛禽鳥。地方不嫌寬闊，須與正室相關切。若有力之家，且於其中建設亭臺樓閣，花榭曲欄，固未可一例視。然蒔時蔬，植菓樹，則無論何家，均當加意栽培也。

九、家具

家具有供日用者，有備裝飾者，其日用者，宜置有定所，便於急遽取用，無論何物，安置有定向，不特取攜順便，且能經久不壞。凡器物經久者，自有一種風致，轉勝新奇之物，故藏器之法，不用之時，或納之箱篋，或貯之密室，尤必標以記號，錄之簿中，以便隨時查核，否則或有遺失毀壞之件，不得而知，致有不齊之恨，最不相宜。

十、陳設

陳設物品，亦大關於家風，室中有美觀，即屬茅檐，亦生優美之感，而精神頓為爽快，若座中腐雜不堪，雖廣廈人將鄙之。故陳設不可不講也。且裝點華麗，最有益於兒童，不特娛其心目，且得加增智識，壯其氣質，蓋兒童神經銳敏，易於感觸，見室內華麗器物整潔，因之感情大展，發巧藝之思想，變鄙朴之恆情，而言語形容，務適於優美端莊而後止。且不特兒童為然，即成人亦自受無意之薰陶，無形之感化，其為益豈淺鮮哉。

古今書畫玩器，最足生技術之感情。書案椅席，拭垢生光，而陳設皆極精良，使淨几明窗，清爽悅目。又列盆花於室內，植菓木於園中，亦陳設之佳況也。顧植物有天然之雅致，隨時培植，怡神悅志，且吸收空中之濁氣，而吐清氣以益人身，此皆陳設中之要義。

戶牖隨時開敞，器物隨時清潔，用心排列，打掃莊嚴，能使人發尊敬之感，裝點益人德育如此，故雜亂不齊，最不可也。

寒素之戶，不能豐其陳設，但得灑掃潔淨，安放整齊，入室無厭鼻之臭穢，惱情之嫌疑，而座有清芬，肅然起敬，亦具見家風之清穆也。

十一、物品借貸

互相借貸，亦交際上不能已之事，有無相通，本屬便宜，若珍重之物，如衣中絺綌（細葛布）之類，用之一次，難免污壞，非親友中誠篤之人，豈容輕借。

器物不得已而借於人，此時必登簿載明，以防日久忘記。如久假不歸，不妨遣人過問，在借戶還時，必先檢點件數，有無損壞，須完好如初，然後送還，殷勤致謝。若托人帶還，囑咐十分保重，且請交代清楚，務期無稍虧損為要。

借物與人，比還時若有虧損污壞，怡怡納之，蓋既往不咎，成敗之數無常。詩云：「民之失德，乾餱以愆。」勿以小故而傷交情也，子路車馬輕裘，與朋友共，敝之，而無憾，其胸中寬大如此，良可味也，至於先代古器，及珍重難求之品，如果十分愛惜，惟以不輕貸為愈。

第十章　交際

人在世間，不能無往來之交際。況一家之中，所宜交之以道，接之以禮者，尤指不勝屈乎，族戚朋友之和與不和，鄰里鄉黨之睦，與不睦皆視交際之善否以為準。交際之為事，不獨丈夫不可不講，主婦亦當留心，大抵丈夫外出，主婦綜理內政，凡賓客來往，問其事由，可告主人則告之，可自了者則了之。且饗宴餽送等事，所以厚其情誼者，關係於婦人者最多，不可不考究而習熟之也，作交際，凡五編：

第一：訪問

婦人無事，不宜輕身出門，婦道以貞靜為主，外走成何體統？有等婦人以走人家為上業，家計不管，紡績不務，閒遊無度，今日東鄰，明日西舍，任他旁人指顧，毫不為羞。若此者，不特失丈夫之局面，亦且招戚友之嫌疑，大不可也。若有緊件必須訪問者，未始全不可動，必請家中或戚中年老婦人伴之，路上逢人，低頭站避，不可與人交言，又不可無故回顧，曲禮內則云：「道路，男子由右，女子由左。」，又曰：「女子出門，必擁蔽其面」即此意也。

第二：對客

主婦對客時，一切都宜留意。要在謹肅謙恭，常有和悅之色，又須端莊容貌，厚重威儀，示人以可敬之容，言語須切實，吐音宜明爽，言不稱身，殊不莊重也。

對貴客，殷勤固不待言，對平常客，亦不可疎忽，各如其分，處之以厚情為宜。客若長談，姑耐坐聽之，若不得已，可告以不暇之故，從容暫別。少女與少男，不得對面而語，若相與語，必高其聲音，尤必有侍婢或兒女在前，不可隻身與人對談。且客在座，無論長上平輩，偶有失儀處，不可與人耳語，及笑指之，且嚴禁兒童此等弊病。

客去，勿論長輩平輩，主婦必親送之，即晚輩，亦須起而送至外室。又凡命奴僕使者輩，須十分莊肅，毋使有悔慢之態，及一切笑語輕薄之行。

平日閒雜人等，即乞丐之來去時，主婦不親走視，必呼兒輩或奴役，視之出外，以防失物等弊，此亦治家之切要也。

第二：款客

既立門戶，凡賓客來往，不可無款待之禮，客入門，無論貴賤，甫坐，必進茶酒，不宜過遲，茶宜清亮，雖富家有奴婢傳遞，主婦亦當親自斟酌之，即此一小事，可驗人家之興替，主婦之賢否。酒食不宜過惜，客來非飯時，陳以小酌，即粗淡菓（日式點心之統稱）食，亦表殷勤。若適當用膳之時，當留者必堅留之，能佳殽狼藉固善，否則雖蔬食菜羹，苟出諸誠意，客自樂之。此等事要在主婦平時勿圖自食，留心收藏，以待不時之需，客來，方不至束手失措，此為居鄉者立論也，有等婦人，不替丈夫爭門面，一有佳味，則私飽之，而盤飧市遠，客至一無所具，豈不貽笑，為主婦者其知之。

設席宴客，宜講究者尤多，請客之先，細察其相會者素有嫌隙否，有隙者相聚，必至互相不快。大失燕飲之歡，所宜先事預孩。

宴客，預先芟除庭中蔓草，灑掃室中塵穢，擺列物品，須安排得體，冬則煖爐火盆，夏則盥盆茶具，皆須檢點整齊。

宴客固宜親切，若不顧身分，漫步奢侈，亦非善道。蓋愛客之旨意，不徒在外面之品物也，自始至終，情意懇摯，斯為浹洽（和睦也）。室中隨時敞開窗戶，使人爽快，客談論動作，須細心體會，期洽其心，酒隨客意，不宜過敬，防其醉也，若系嗜酒者流，尤宜囑咐斟酒人留心扣酌，非惜酒也，恐濫醉反不美耳。

廣開筵席，必書眾賓姓名於紙，並一一安排坐次，以便請客就坐時，不致忙錯。到人家赴宴，見主人主婦，必先道謝，導之入席時，必固辭上座，擇其與己之位，置相合者坐之。有後至之客，必起讓，在隨時斟酌耳，席間或有不快，毋露於詞色，尤忌席上耳語，以及邪視左右，若年少女子，更不宜有輕褻之容，以端莊沉靜為要。

上席之長者辭，歸然後引退，居人後，所以示謙恭也。

宴客須預設脫帽處，及掛衣處，帽衣安置，然後導入客堂，專請之上賓，坐於主人指定之席，上席對陪席之人，必示敬意，膳出，主人敬客，客敬主人，酬酢如禮，上賓取箸，皆取箸不宜先後也，進膳必有序，主人舉杯，客答之如禮。

眾賓聚宴，均宜姿容端正，舉止大方，食時尤須靜肅，切忌碗箸發響，咀嚼作聲。

附：錄西俗宴飲

凡請客，以偶數為宜，而尤忌十三之數。

設席，先配肉汁，次薦食品，參以各種之酒，主人主婦，應接眾賓，勿離席，食事終，主婦起立食前，引客還客室，薦以咖啡。

女子赴宴，為男子所引，倚其腕而入食堂。既就席，男子臨去，少為禮，食巾覆膝上，不可高掛胸前。食畢，旋取而置桌上。入席時，童子進以餚果，徐取而移之皿（碟也），難割取者，使自割之。其致於皿者，令食盡。食刀食叉用過，斜仰置於皿右。魚肉隨切隨食，不可一時切盡，用右手持叉，取魚或肉，左手取麵包薄片，相輔而食，其難去骨者，先以刀叉離骨與肉，然後舍刀執叉而食，食刀非鳥獸之肉不用。麵包可以手劈，毋用食刀，肉汁，或半匙啜之，不可作聲，不可傾皿而飲，以佐食少傾為宜。取果食多用食叉，或用刀切之，剝之指尖有污，水洗之，手巾拭之。女子不可含嗽於桌上，及用牙籤刺齒。酒隨意，不飲亦可，女子食後，不可進烈酒，餚誤墜於地，毋注視之，觸他人之裾，低聲道歉，若刀叉墜地，亦不可拾，見童子，可請其代拾。食畢，上賓既起，已亦隨起離席，待男子之引。在冬季，初就席而除手套，離席之，前再著之著。自左手始，若不得閒，至客室著之，食後，飲咖啡。

按西人食用刀叉皿，不用碗箸。每人前設一皿，盛羹於內，刀以切之，叉以食之，食畢更進。每食一品，皿與刀叉皆換。用麵包不用飯食，以另皿置於旁，每人必有食巾。可以男女共席，席間談論，須極誠實端敬，食時須極靜穆。咖啡食後飲之，其形如豆，炒枯研碎煎作茶飲，能消食，去油膩，西人多喜飲之，和以糖與牛乳更佳，產於熱帶，錄此一則，稍知西俗宴飲之大略也。

第四、書信

書信者，記言語於紙，而代達情意也。行文須平易簡明，無取乎繁文縟詞，表誠心，適實用，禮至情親而不近於迂，斯為得體。若文人之致辭，選言宏當，則固未可一例視矣。

書式不可失體，書人名住址，字劃務須正確，稱呼務要清楚。近日郵局風行，凡信入封筒郵寄者，貼郵票於封筒表面左角上，快便異常，誠新政之妙用也。書信字體多用行草，然字劃宜清楚，切忌糊塗，不能草書者，毋強為之，恐讀者索解不得，反易誤事。寄音平輩，亦宜寓有敬意，若長者之前，更非端楷不可。

凡密函家信之類，雖至親接領，不宜擅自拆看，即本人自拆時，亦無須強為索看，教兒時須加入此層。

書信寄遠，宜於官書，故女子亦當知書，然我國婦女精通者恆不多覯，是以女子自幼，必教以讀書識字。

第五、餽贈

餽贈之事，主婦掌之，亦交際之不能已也。贈物於人，當先考究時節，與其家之品位嗜好，以有稗於其家計者為上。顧近世餽贈，多偏重外觀之模樣，投贈以不急之物，究之所費多，而受者無實惠，何益乎？此亦風俗虛偽之一證。不知往來酬酢，只要情誼焉厚，雖土物亦當嘉珍，富貴之家，稍從豐厚，亦理勢所必然，原不宜過形儉嗇。若小康平常之戶，究須慎重，不必勉強以期完美，即以甲所贈而移贈與乙，輾轉相投，亦經濟上成家惜物之道，全在主婦收貯有素，調理得宜耳。

第十一章　避難

易曰：「君子思患而預防之。」，禍患之來，大抵出入意外。平居安樂之日，宜常存一恐懼戒慎之心，勿謂安樂可恃也，防備先有成算，臨事時方不至於失措，全在主婦之，隨處留心也作避難，凡五編：

第一：火災

火之為災，不可一日不防。平日督率婢僕治事，宜常注意，將就寢，必先細心周巡室內前後，凡燈燭火缽之類，宜早熄滅。且灶下不宜留火過夜。近日洋火盛行，無論富貧，均可買作火種，價極廉而用極快，其便無有過於此者，此防火之大要也，又瑣碎宜防者有五：

一、夜間灶下不宜留柴，須打掃乾淨。

二、門首及出入要路，不可堆放一切柴木草藁（同槁，木枯也）之類，防匪徒不測也。

三、夜間不可用火爐烘鞋及小兒洗濯等物，如必須用之，亦宜留心斟酌。

四、天氣亢陽之時，及收穫候，屋前後堆放草，宜十分留心，總以隔遠為宜。

五、歲時喜事，開放炮銃，以及小兒玩炮，宜十分留心。聞有失慎之家，先查其火之所自起，與風之方向，若在下風，雖相隔甚遠，亦宜戒備。居上風，則雖接近，尚可無虞。然風向頃刻又變，故在近火之處，總宜不怠防禦。若自家失火，先急促老幼避出，然後籌滅火之策，不可徒注意於財，產貽誤傷人也。

凡菜油、桐油、洋油等起火，直以臥褥之，類撲滅之，或用灰亦可。不可潑以水，蓋水因激行，轉助火烈，萬萬不可！若在鍋內起火，惟先備有芥菜、蘿菔、蒿萊之類者，覆之可禦，即用鍋蓋沓（套也）住亦可。

起火急遽之時，取出金銀陶器之類，可投之塘池，以便事後取出。若衣服及粗物，可取則取，總以惜命為是。

近鄰無論親疏，有罹火災者，急遣入趨救，助其搬遷器物。即平日與我有嫌，亦當遣人往救，如此大災誰不傷心，尚挾嫌怨哉。

有婢僕來救者，可使檢運財產，或任護視之役，凡來救災者，須各盡職任，不可紛擾。若有生人來救，不可委以器財，恐有匪徒乘勢掠奪也。

第二：風災

暴風將起，其勢必急，可備之於事先，蓋風起時，各處柴木極易引火，尤當注意。且風勢之來，如怒馬，如激湍湧潮，狀極可怖。急宜闔扉箝戶，毋徒驚惶失措。樹木栽而未久者，可扶以圓木以防傾倒。若窗格為風揚開，不可遽往閉之，蓋風性難當，切勿與之抗拒也。

第三：旱災

旱之為災，最苦最劇。蓋民以食為天，遇旱則終歲勤勞，粒米莫給，其慘不可勝言。則預防之道宜講也。大抵禾稼需水而成，水足雖旱不足畏，近年以來，旱患最多，雖曰天時，非人事。何哉？管田者吝惜修費，聽塘池之泥掩，任壩圳之崩頹，幸而雨足之年，差免災禍。一遇旱歲，則塘池早徹，壩圳皆枯，點滴毫無，坐受其困，豈不可惜？然而欲弭此困，究亦甚易，管莊之戶，但先細察田間之塘池壩圳，有宜修者，即時興工，認真修整，雖遇旱歲，而我之水足，盡可保其無虞，縱難遍收，而所獲亦已不少，不特田主受福，即佃家亦托庇不至全荒，兩兩俱幸，何苦不為，且認真修理一年，可保至十數年而不敝，故禦旱之法，舍擔塘築壩，則無良策也。

第四：水災

水害有起於暴雨之後，而山嶽崩摧，溪水漲溢者，有起於堤防決壞，而河水泛溢者，防之之法，修築堤防，多植樹木。要在先時率居近人民，同心堵備，若臨時修植，不為功也！然居近水澤者，尤宜講求避水之策，在平時置備小舟短艇，一遇洪水暴至，則置全家器物於其上，尚可為保全性命之道，若房屋固難兩全也。

山間村落，猛遇急雨水溢，倉卒間無術禦之，亦有成災者。且水勢比火力尤烈，暴雨一傾，數里陸地，頃刻化為大湖。一時老者驚惶，少者號哭，輾轉相攜，非往高處，不足避難，無舟可載者，全在視雨初起時，早為避出，稍遲則害至矣。

第五：盜賊

盜賊雖屬意外之虞，多由門戶不謹所致。故凡建屋，周圍壁腳，宜用石板，或灰砂堅築亦可，約計須四尺高，用火甎宜厚，若用泥甎，則內間須裝木板，能裝石板更好。窗柱門葉，宜用堅厚之木，此言屋之修整結實也！然結實之處，猶恃夫主婦之謹慎有常，每夜須於點燈時，檢點各處之門窗，關鎖整固。又須率家人趁早就寢，毋使遲眠熟睡，一聞響動，則大呼家人起視，斯為要著。若遇盜至，在女子不可親自抗拒，恐致受害。即家人追趕，亦宜相機而動，黑夜不見，恐賊反埋伏兇器，使趕者觸之而受傷也。

禦盜之法，尤在平時和睦鄰里，意氣相投，毫無嫌怨隔，俗云：「遠賊必有近腳」和睦則斷無此弊，且可大家同心，隨時守望相助，若鄰里平日有可疑之人，便當與公眾商議，預先設法防禦以靖地方。

第十二章　僕婢

儉樸之家，婦人自治炊爨，役僕婢者恆少。然世運日進，人事加繁，一家之中，不能不役使僕婢。以理繁劇之任。顧役使之責任，皆主婦所宜留心，蓋此輩生長卑賤之家，無學無識，在主婦駕馭得法，操縱咸宜耳，作役使婢僕，凡十編：

第一：選擇

僱役僕婢，必先選擇，以身體強壯，質樸誠實者為宜。若奸猾者流，外面善於迎合，甚似親切，究之口是心非，背面即懶惰不堪，殊不可用。又或身有宿疾，極不皎潔，以及體弱不堪重力春，尤宜禁止勿用。

第二：價值

僕婢之忠誠確實，而年富力強，克勝重任者，此等善良，頗不易得。苟其得之，不可惜費，宜較他人之價值獨厚，世俗吝惜者多，往往不肯出價，以致雇役殘弱之人，究之廢事失業，雖多雇數人，不及強壯者一人之勝任愉快，非治家之良法也，故選擇宜慎，而價值亦不過輕。

第三：職務

僕婢數人，主人當定以職務，吩咐詳明，使各分任其事，如是則彼自能專其職任，做去都有條理。若漫無專責，必至泛濫不一，而勤勞者常勤勞，怠惰者終怠惰矣，甚至互相推諉，避勞就逸，舍難趨易，卒至事事沮滯，毫無成功，豈是善道。在多役僕婢者固不待言，即役使一二人，亦須定其責任，布置得宜，須使彼輩互相輔助，同心合力，以融洽其交情。

第四：訓練

僕婢之輩，生長卑賤，其根性既劣，往往不通正理，不嫻善言，不守家法，無規無矩，勢所不免。故主婦不可不為之訓練，當其入門時，即教以嚴肅之家法，示以正確之規矩。萬不可任其東攞西掉，及引兒子，糊言亂語，所宜切戒。又此輩初來，事多不熟，或賦性稍鈍，不能處處合法，須從容善道，一一開示詳明，久之自然純熟，不至失錯。蓋使其馴染我家庭嚴肅之風範，又使其感激我平日開道之知能，必能激而思奮矣。嘗有一女事於富家，主婦致以陳列茶具，女每忘之，屢被譴責。一日有客來，主婦又使陳列，女又遺忘，而款客之時已迫，主婦來視之，憤其不備，怒氣填胸。既而平心靜氣，更以溫言諭之，事畢而去。客去後，召之，懇戒其過，告以主客之失意，與將來之宜慎，女感其誠，自是不復蹈前轍。云：此事雖小，可以喻大也。

第五：管理

僕婢之管理，不可稍疏。蓋近日人心不古，奸詐者多，誠實者少，當面勤懇，背面懶怠，皆婢僕之常情。故主人宜於早起，安排清楚，使不至晏興誤事。尤宜隨時親身察看，如事在外間，亦須喚兒童不時查看，以防偷安，凡主人不知管理之法者，僕役斷未有不懶惰廢事也。

第六：賞罰

賞罰嚴明，則勤者益奮，而惰者知懼，亦主人鼓勵之法也。事有緩急，力有重輕，若值事勢緊急，萬不容緩，必出以苦力始能就緒者，有此勤勞，主人當格外獎賞，以激其銳進之心。如有失業廢事等弊，則不得不督責之以懲其後，又須抉摘確鑿，能責出其所以廢失之實，方能令彼心服。然同輩數人中，或專賞一人，不免生眾人之猜忌，卒至互相傾擠，亦非善策。若一例賜予，又近於例賞，不足以勸能者而愧不肖。治家者宜相機處置，務得其當。

第七：仁恕

僕婢以身役人，為貧所迫。主婦當推愛子之念而鄭重之，時時存彼等亦人子之心，若待之如驅逐犬馬，苛虐不堪，最為惡德。故宜親切遇之，吖嚀託之示之以至信，感之以至誠，凡事先問饑寒，次講訓練，總須寬嚴並用，恩威相濟。偶有失錯之事，不必即見諸詞色，徐徐誥誡，使之悔悟前非，而徐圖後効。若徒為刻薄，彼亦將傲慢不服，其能得忠良之僕役哉。

第八：飲食

僕婢委身於主人，事事從命，不敢放縱，心身束縛，不能自由，既無耳目之樂，又無遠大之望，其所欲不過飲食耳。家計富厚者，固不待言，即在小康之家，亦宜優與飲食，遂其嗜欲，且若輩日日勞苦，而長此濁蔬粗飯，哽咽不下，亦覺可憐，是在為主婦者，發其慈祥耳。

第九：勸蓄積

僕役所得之錢財，由苦心勞力所致，一年除製衣零用外，所剩又有幾何？且有需此養父母妻子者，若賭博嗜酒，不思蓄積，終必至於流蕩，主婦宜時加勸道，養成其勤儉之心，每月所餘工貲，務使銖積寸累，以謀蓄積。或主人為之經理，俟雇工期滿，取而付之，或歸鄉里，或適他人，漸漸推廣，得有貲本，以營家業，其補助者不少。蓋主人能為之謀，彼等雖屬小民，亦必節省自守，而蓄積之念，且油然生矣。

第十：廣開導

僕役雖賤，豈有甘於終為人役之理，不特宜待遇親切，使之安心執業，以生其感激之心，且須開道詳明，使之隨事認真，以充其上進之念。誰非人子？誰無室家？貧者未必不富，衰者未必不興，只要有志銳進，點石亦有成金之時，此等願力，愚人苦不自覺耳。故主人當隨時順情開導，行有餘力，或道之學字習算，裁縫衣服，調理飲食，及一切增進智識之事。更宜道以居心正直，對人謙遜，做事活潑，愛惜物品，磨練精神，一切自立門戶之道。要使他刻刻存一今日我為人役，異日亦有人為我役之望。如此開導，不特僕役感激，他人亦服主人之公道矣。

同治七年五月廿四日

早飯後　做小菜點心酒醬之類　食事

巳午刻　紡花或績麻　衣事

中飯後　做針黹刺繡之類　細工

酉刻過二更後　做男鞋女鞋或縫衣　粗工

吾家男子於看讀寫作四字缺一不可，婦女於衣食粗細四字缺一不可。吾已教訓數年，總未做出一定規矩。自後每日立定功課，吾親自驗功。食事則每日驗一次，衣事則三日驗一次，紡者驗線子，績者驗鵝蛋。細工則五日驗一次，粗工則每月驗一次。每月須做成男鞋一雙，女鞋不驗。

右驗功課單諭兒婦、姪婦、滿女知之，甥婦到日亦照此遵行。家勤則興，人勤則健；能勤能儉，永不貧賤。

同治七年五月廿四日

右驗功課單，先君文正公墨蹟也，先君生予兄弟姊妹七，予居季，先君立是課程時，諸姊均已適人，惟予隨諸嫂侍先母侯太夫人側，得與聞之，迴溯曩時，與諸嫂井臼倉皇燈火輝映，駒光電逝，此情此景，渺不可得矣，而先君已往，手澤猶存，爰命手民鐫附於此，聊以志永感之忱雲爾，紀芬謹識。

血歷史79　PC0650

新銳文創
INDEPENDENT & UNIQUE

聶氏重編家政學：

穿越時空談教養

作　　者	聶崇彬
責任編輯	洪仕翰
圖文排版	周政緯
封面設計	葉力安

出版策劃	新銳文創
發 行 人	宋政坤
法律顧問	毛國樑　律師
製作發行	秀威資訊科技股份有限公司 114 台北市內湖區瑞光路76巷65號1樓 電話：+886-2-2796-3638　傳真：+886-2-2796-1377 服務信箱：service@showwe.com.tw http://www.showwe.com.tw
郵政劃撥	19563868　戶名：秀威資訊科技股份有限公司
展售門市	國家書店【松江門市】 104 台北市中山區松江路209號1樓 電話：+886-2-2518-0207　傳真：+886-2-2518-0778
網路訂購	秀威網路書店：http://www.bodbooks.com.tw 國家網路書店：http://www.govbooks.com.tw

出版日期	2017年5月　BOD一版
定　　價	350元

Printed in Taiwan

國家圖書館出版品預行編目

聶氏重編家政學：穿越時空談教養 / 聶崇彬著.
-- 一版. -- 臺北市：新銳文創, 2017.05
面；　公分. -- (血歷史；79)
BOD版
ISBN 978-986-5716-98-1(平裝)

1. 家政教育　2. 生活指導

420.3　　　　　　　　　　　　106005869

讀者回函卡

感謝您購買本書，為提升服務品質，請填妥以下資料，將讀者回函卡直接寄回或傳真本公司，收到您的寶貴意見後，我們會收藏記錄及檢討，謝謝！
如您需要了解本公司最新出版書目、購書優惠或企劃活動，歡迎您上網查詢或下載相關資料：http:// www.showwe.com.tw

您購買的書名：________________________________

出生日期：________年________月________日

學歷：□高中（含）以下　□大專　□研究所（含）以上

職業：□製造業　□金融業　□資訊業　□軍警　□傳播業　□自由業
　　　□服務業　□公務員　□教職　□學生　□家管　□其它____

購書地點：□網路書店　□實體書店　□書展　□郵購　□贈閱　□其他

您從何得知本書的消息？
　□網路書店　□實體書店　□網路搜尋　□電子報　□書訊　□雜誌
　□傳播媒體　□親友推薦　□網站推薦　□部落格　□其他________

您對本書的評價：（請填代號　1.非常滿意　2.滿意　3.尚可　4.再改進）
　封面設計____　版面編排____　內容____　文／譯筆____　價格____

讀完書後您覺得：
　□很有收穫　□有收穫　□收穫不多　□沒收穫

對我們的建議：________________________________

____

____

____

請貼
郵票

11466
台北市内湖區瑞光路 76 巷 65 號 1 樓
秀威資訊科技股份有限公司 收
BOD 數位出版事業部

（請沿線對折寄回，謝謝！）

姓　　名：________________　年齡：________　性別：□女　□男

郵遞區號：□□□□□

地　　址：________________________________

聯絡電話：(日) ________________ (夜) ________________

E-mail：________________________________